PETIT VOYAGE DANS LE MONDE DES QUANTA

Du même auteur

Conversations avec le sphinx. Les paradoxes en physique, Paris, Albin Michel, coll. « Sciences d'aujourd'hui », 1991 ; rééd. Le Livre de Poche, 1994.

La Quête de l'unité. L'aventure de la physique, avec M. Lachièze-Rey, Paris, Albin Michel, coll. « Sciences d'aujourd'hui », 1996 ; rééd. Le Livre de Poche, 2000.

Le Temps et sa Flèche, avec M. Spiro (dir.), Paris, Flammarion, coll. « Champs », 1996.

L'Atome au pied du mur et autres nouvelles, Paris, Le Pommier, coll. « Romans & plus », 2000.

L'Unité de la physique, Paris, PUF, coll. « Science, histoire et société », 2000.

Moi, U235, atome radioactif, Paris, Flammarion, 2001.

Le temps existe-t-il ?, Paris, Le Pommier, coll. « Les petites pommes du savoir », 2002.

La science nous menace-t-elle ?, Paris, Le Pommier, coll. « Les petites pommes du savoir », 2003.

Les Tactiques de Chronos, Paris, Flammarion, 2003 (prix « La science se livre », 2004) ; rééd. coll. « Champs », 2004.

Il était sept fois la révolution. Albert Einstein et les autres..., Paris, Flammarion, 2005 ; rééd. coll. « Champs », 2008.

Le facteur temps ne sonne jamais deux fois, Paris, Flammarion, 2007 ; rééd. coll. « Champs », 2009.

Les Secrets de la matière, Paris, Plon, coll. « Raconté en famille », 2008.

Galilée et les Indiens. Allons-nous liquider la science ?, Paris, Flammarion, coll. « Café Voltaire », 2008.

Étienne Klein

PETIT VOYAGE DANS LE MONDE DES QUANTA

Champs sciences

ISBN : 978-2-0812-2701-9

Ce petit livre est dédié à Nelly Kaplan, qui, dans son roman *Ils furent une étrange comète*, a brillamment mis en scène certaines idées quantiques, avec la malice ravageuse qui leur convient si bien.

La première fois qu'apparaît un mot relevant d'un vocabulaire spécialisé, il est suivi d'un *. On trouvera sa définition dans le glossaire, p. 179.

INTRODUCTION

D'ailleurs, les vraies révolutions sont lentes et elles ne sont jamais sanglantes.

Jean ANOUILH

Voici un atome*, un atome d'hydrogène, le plus simple de tous. Le plus petit aussi, ne serait-ce que du point de vue du nombre de ses constituants. Son noyau se résume à un simple proton*, autour duquel un unique électron*, minuscule, tourbillonne sous l'effet de la force électrique* attractive qui le lie au proton, de charge électrique opposée à la sienne. Ce petit système nous rappelle un duo que nous connaissons bien, celui formé par le Soleil et la Terre.

Imaginons que cette analogie soit exacte, que l'atome d'hydrogène soit effectivement un système planétaire miniature, microscopique même, dans lequel le proton jouerait le rôle du Soleil et l'électron celui d'une planète. En supposant ainsi qu'il n'y a entre ces deux systèmes qu'une différence de taille (le premier étant la réduction à l'identique, jusqu'à des dimensions infimes, du second), nous faisons de l'atome un objet presque familier. Mais pareille métaphore est-elle pertinente ?

Si notre modèle est juste, l'électron doit avoir une trajectoire bien définie, aussi précisément déterminée que celle d'une planète qui gravite autour du Soleil : il est condamné à tourner sans lassitude autour du proton selon une certaine orbite. C'est du moins ce que conçoit la mécanique classique, qui n'envisage que des objets matériels précisément localisés dans l'espace, ayant des trajectoires bien définies, entièrement déterminées par les forces auxquelles ils sont soumis.

En réalité, les choses ne sont pas si simples pour notre électron. Du fait qu'il tourne autour du proton, il subit une accélération radiale, tout comme une voiture dans un virage. Dans ces conditions, les équations de l'électromagnétisme* nous disent que l'électron, parce qu'il porte une charge électrique, perd de son énergie en émettant de la lumière (c'est sa façon à lui de faire crisser ses pneus).

Jusque-là, rien de grave. Au contraire, même : les atomes ne sont-ils pas justement capables d'émettre de la lumière ? Notre modèle pourrait donner à ce phénomène un début d'explication. Mais à bien y regarder il y a là un hic gravissime : puisqu'il perd de l'énergie, l'électron se rapproche inexorablement du proton en suivant une spirale, jusqu'à finalement s'écraser sur lui ! C'est la catastrophe ! Notre modèle, pourtant si adapté au Soleil et aux planètes (celles-ci ne tombent apparemment pas sur le Soleil), fait de l'atome d'hydrogène une entité inapte à la durée, incapable, de surcroît, d'émettre la moindre lumière : l'électron ne mettrait en effet qu'une fraction de seconde à tomber sur le proton. Mais cet ultimatum lancé à l'atome ultime n'est jamais respecté : les atomes sont des édifices stables, contrairement à ce qui se produirait s'ils étaient réellement semblables à des systèmes planétaires miniatures.

Quellc leçon tirer de cette petite histoire ? Elle consiste essentiellement à reconnaître que les principes de la physique classique, et plus généralement les concepts familiers, ceux auxquels la vie quotidienne nous confronte, ne sont pertinents que dans un domaine limité. Aux portes de l'infiniment petit ils semblent brutalement faire faillite.

D'autant que l'atome d'hydrogène n'a rien d'un cas isolé. Presque rien, dans le monde de l'infiniment petit, n'obéit aux lois ordinaires de la physique classique, celle-là même qui s'était imposée au XIXe siècle avec la mécanique pour les objets matériels, la théorie électromagnétique de James Clerk Maxwell pour les phénomènes du même nom (notamment l'optique) et la thermodynamique pour les transferts de chaleur et de mouvement. Les physiciens de la première moitié du XXe siècle ne tardèrent pas à comprendre que, pour décrire les atomes puis les particules, il leur faudrait abandonner quelques-uns des principes les mieux ancrés de la physique classique et mettre entre parenthèses d'illustres *credo*. Quelques décennies d'effervescence créatrice, d'audace conceptuelle, de tourments et surtout d'intense labeur suffirent à un petit nombre d'entre eux pour fonder l'une des plus belles constructions intellectuelles de tous les temps.

Au terme de ce qui fut rien de moins qu'une révolution, ils mirent sur pied un nouveau formalisme très efficace pour cerner le monde des particules, des noyaux, des atomes, des molécules : le formalisme de la physique quantique. Fascinant (ou agaçant, c'est selon), parce qu'il impose une rupture franche aussi bien avec l'intuition qu'avec les images simples. Refusant de prendre modèle sur nos représentations concrètes, il fait son miel d'entités très abstraites qui outragent notre « robuste » sens de la réalité. Et, aux portes de l'atome, des notions apparemment indiscutables viennent à manquer de signification, un certain sens commun se trouve condamné au dépôt de bilan et des idées évidentes au point de sembler refléter la vérité se révèlent de simples traces, en notre esprit, d'expériences de la vie courante.

L'appellation « physique quantique » mérite au passage une double explication. L'adjectif « quantique », d'abord, vient du mot latin *quantum,* qui signifie « combien » et que l'on retrouve dans *quantité.* Nous verrons que la physique quantique fait intervenir des quantités élémentaires (ou « discrètes », selon le vocabulaire du physicien) pour décrire les interactions, entre la lumière et la matière, par exemple. Mais l'accent souvent mis sur les aspects discrets de la théorie est sans doute trop marqué, car la théorie quantique n'est ni plus discrète ni plus continue que la théorie classique. Elle a ceci de révolutionnaire qu'elle applique ces notions de discret et de continu aux mêmes entités – en fait à toutes les particules –, alors que la physique classique les réservait à des entités ontologiquement différentes (corpuscules pour l'aspect discret, ondes pour l'aspect continu).

Pendant longtemps, on a parlé de *mécanique* quantique plutôt que de *physique* quantique, mais ce terme ne seyait guère à une théorie qui n'a plus rien à voir avec les *machines* à l'origine de la physique classique. En outre, son formalisme représente les objets physiques d'une façon si inhabituelle que les notions mêmes d'objet et de trajectoire y deviennent problématiques. Mieux vaut donc parler de *physique* quantique.

Son formalisme rend parfaitement compte, entre autres choses, de la stabilité des atomes et de la façon dont ces atomes se manifestent à nous, en précisant notamment les caractéristiques de la lumière qu'ils absorbent ou émettent : lorsqu'un de leurs électrons passe d'un état quantique à un autre, les atomes émettent ou absorbent un photon dont l'énergie est exactement égale à la différence d'énergie entre l'état de départ de l'électron et son état d'arrivée. La physique quantique permet également de décrire le comportement parfois étonnant des particules élémentaires, qu'on aurait tort d'assimiler – conformément à une représentation trop courante – à de microscopiques petites billes, et explique comment les particules interagissent : pour qu'il y ait interaction, il faut que « quelque chose » s'échange entre les particules, et ce « quelque chose » ne peut jamais se réduire à « rien » (il doit être au moins égal à un « quantum » du champ caractéristique de l'interaction considérée).

Mais, contrairement à ce que l'on a souvent tendance à croire, la physique quantique ne concerne pas que l'échelle microscopique : il faut également y avoir recours pour expliquer nombre de phénomènes macroscopiques [1]. Cela vient de ce que les lois quantiques gouvernent de façon sous-jacente,

---

1. À ce propos, on pourra lire le bel article de Roger Balian, « La physique quantique à notre échelle », dans *Un siècle de quanta*, édité par Michel Crozon et Yves Sacquin, EDP-Sciences, 2003, p. 59-89.

presque « souterrainement », la plupart des propriétés et des caractéristiques des processus ou des corps qui nous environnent (processus chimiques, gaz et liquides, solides, métaux et isolants, supraconducteurs...). Même la vie, dans la mesure où elle dépend de processus physico-chimiques au niveau de la molécule d'ADN, ne pourrait être décrite en dehors des lois quantiques.

La portée de la physique quantique va néanmoins bien au-delà du seul domaine cognitif ou explicatif. Depuis une cinquantaine d'années, ses applications pratiques ont été innombrables, qui vont du laser à la cryptographie en passant par la communication, les sciences des matériaux, l'électronique (y compris quantique) et, demain, les nanotechnologies.

La physique quantique a en outre ceci d'original qu'elle ne se fonde pas seulement sur un formalisme, c'est-à-dire sur un ensemble de concepts mathématiques et d'équations. Elle requiert *également* ce que l'on appelle une interprétation physique. Dès 1927, alors que la physique quantique formelle vient tout juste d'apparaître, les physiciens commencent déjà à se soucier de son interprétation : ils essaient de comprendre en quoi elle consiste, ils discutent les règles selon lesquelles il convient de l'utiliser, et certains d'entre eux s'interrogent sur le type de discours qu'elle autorise ou interdit sur la réalité physique. Ce point-là est tout à fait singulier : jamais une autre discipline scientifique n'avait à ce point exigé que soit également mis en œuvre un travail d'interprétation pour pouvoir être comprise et appliquée. Cette particularité a provoqué un certain nombre de tensions au sein de la physique quantique, toujours d'actualité, à propos du lien entre le formel et le réel, entre le virtuel et l'actuel, entre le possible et l'effectif, entre le hasard et le déterminé. De par sa structure même, elle interroge la relation entre le monde physique et sa représentation mathématique, et fait germer, à la couture de la physique et de la philosophie, des questions fascinantes.

Le changement de représentation auquel invite la physique quantique est si radical que le concept même de « réel » est vite devenu sujet à discussion : à l'échelle microscopique, la réalité des choses ne va plus sans dire, d'où les joutes terribles qui ont agité les cercles de physiciens pendant plusieurs générations, comme si l'esprit humain avait dû se battre pour appréhender le sens de ce qu'il avait lui-même construit.

D'aucuns ont affirmé que personne ne comprend vraiment la physique quantique : « Si vous m'avez compris, disait un grand physicien [qui l'avait bien comprise] à ses étudiants [qui ne la connaissaient qu'à peine], c'est que je n'ai pas été clair... » Il n'y a pourtant pas lieu de s'effrayer. Certes, la physique quantique proprement dite ne saurait être appréhendée sans un recours appuyé à l'abstraction et aux mathématiques, mais nous verrons que l'essentiel du bouleversement conceptuel qu'elle entraîne tient dans le simple fait qu'elle utilise de façon systématique… l'une des quatre opérations élémentaires : l'addition ! Nous devrions donc pouvoir en saisir le sel sans trop de tourments. Quant aux difficultés liées à son interprétation, elles n'ont pas empêché la physique quantique de devenir, comme la relativité, une théorie cadre dont les principes sous-tendent presque toutes les branches de la physique moderne. Loin d'être une discipline marginale, elle jouit désormais d'une efficacité opératoire impressionnante, qui va de la physique des particules à l'astrophysique, en passant par la physique nucléaire, l'électronique, la physique atomique et la physique des solides. Si certaines de ses prédictions semblent ahurissantes, aucune à ce jour n'a été démentie par l'expérience. Un siècle après ses premiers pas, la physique quantique demeure donc solide sur ses bases, et plus que jamais rayonnante.

Tout au plus pense-t-on qu'une « nouvelle physique [1] » capable (contrairement à la physique quantique) d'intégrer la gravitation pourrait avoir eu cours dans les premières phases de l'univers primordial.

1. Par exemple, la théorie dite « des supercordes ». Pour en savoir plus, voir Étienne Klein, *Les Tactiques de Chronos*, Flammarion, 2003, p. 163-172.

Car il est un problème qui tourmente les physiciens depuis des décennies : l'incompatibilité structurelle entre la relativité générale d'Einstein, théorie qui décrit la gravitation, et la physique quantique. D'où vient cet *hiatus* qui semble irréductible ? De ce que la relativité générale met en scène un espace-temps souple et dynamique, alors que la physique quantique ne s'accommode que d'un espace-temps « banal », c'est-à-dire plat, absolu et rigide. La démonstration que la contradiction formelle entre ces deux cadres théoriques peut être dépassée reste à faire. Mais, en attendant, ce n'est pas parce que la physique quantique utilise un espace-temps banal qu'elle est elle-même banale. Au contraire, car au bout du compte ce qu'elle nie, elle, ce n'est rien de moins que la représentation géométrique que nous nous faisons des objets ou des phénomènes qui se produisent dans l'espace-temps…

Tout cela ne mérite-t-il pas un petit voyage ?

1

La faillite des concepts familiers

Un homme à la mer lève un bras, crie : « Au secours ! » Et l'écho lui répond : « Qu'entendez-vous par là ? »

Jules SUPERVIELLE

Il y a des déroutes d'idées comme il y a des déroutes d'armées.

Victor HUGO

La physique quantique repose sur un formalisme mathématique extrêmement puissant, mais qu'on ne peut transposer en des phrases appartenant à la langue commune. Il est donc déraisonnable, voire illicite, de vouloir la présenter sans équations. Délaissant – bannissant même – le visuel et le sensible au profit du seul formel, elle se retrouve presque sans connexion avec notre façon habituelle de dire le monde qui nous entoure. Dès lors, comment l'exposer, sans la trahir, avec de simples mots ? Angoisse de l'auteur…

Il lui faudra trouver des « trucs » permettant de verbaliser – de baliser par le verbe – l'étrangeté des concepts qu'utilise la physique quantique. La clé consistera sans doute à faire sentir au lecteur comment cette physique iconoclaste est née d'une crise de la représentation. À la question : « Quel genre d'objets sont les particules ? », la physique quantique a fourni une réponse étonnante… qui semble accorder davantage de réalité à ce qui se cache qu'à ce qui se montre.

Rappelons que la physique classique distingue essentiellement deux sortes d'objets, en un sens opposés : les corpuscules, d'une part, les ondes, d'autre part. Cette dichotomie s'appuie sur des considérations simples : les corpuscules sont des entités punctiformes, c'est-à-dire localisées dans une région très restreinte de l'espace, tels des grains de sable dont on tenterait de réduire la taille à zéro ; ils décrivent des trajectoires nettes le long desquelles, à tout instant, leur position et leur vitesse sont bien déterminées. Les ondes, au contraire, ne sont pas précisément localisées ; elles occupent, sinon tout l'espace, du moins une certaine étendue spatiale et n'ont pas plus de trajectoire que la houle de l'Atlantique venant frapper les côtes bretonnes.

D'autres aspects distinguent les ondes des corpuscules. Les ondes ne transportent rien, elles ne font que transmettre de l'énergie et de l'information. Donnons quelques exemples : si nous tendons une corde puis agitons l'une de ses extrémités, nous envoyons une onde qui se propage le long de la corde sans que cette dernière quitte notre main pour courir après l'onde ; quand une rafale de vent s'abat sur un champ de blé, chaque épi se balance et oscille au gré dudit vent, mais aucun n'est arraché ni transporté à l'autre bout du champ (sauf en cas de très forte tempête) ; lorsqu'une vague progresse sur la mer, l'eau ne se déplace pas vers l'avant, son mouvement ne se faisant que de haut en bas et de bas en haut ; en fait, ce sont les sommets et les creux de ce mouvement qui, en se déplaçant, nous donnent l'illusion que l'eau avance avec la vague (un objet flottant, lui, ne s'y trompe pas, qui monte et descend au rythme des vagues, mais ne progresse pas).

Autre différence, capitale celle-là pour la suite : les ondes sont capables de se « superposer », du moins si elles sont de même nature physique (électromagnétique, acoustique...). Cela signifie que la somme de deux ondes de même type a un sens physique parfaitement défini. Songeons aux ondes que nous pouvons créer sur un étang. Si nous agitons un bâton dans l'eau à un certain endroit, celui-ci devient le centre d'un système d'ondes concentriques. Si nous agitons le bâton à un autre endroit, nous créons un autre système d'ondes, dont le centre est ailleurs. Si ensuite nous agitons simultanément un bâton en chacun de ces deux endroits, nous provoquons un système d'ondes plus compliqué formé par la combinaison des deux premiers : cette onde résultante, qui est elle aussi un mode d'oscillation de la surface de l'étang, n'est autre que la superposition des deux premières. Elle s'obtient en faisant l'addition, en chaque point de l'étang, des amplitudes des ondes composantes. Cette propriété de pouvoir s'additionner, le cartel des ondes la détient en exclusivité : deux corpuscules (ou deux petites boules) seraient tout à fait incapables de se superposer.

Toutes ces différences font qu'il ne semble guère y avoir de parenté entre l'onde et le corpuscule ou, si l'on préfère, entre le mouvement délocalisé d'une vague à la surface de l'océan et le jet d'une pierre dans les airs selon une trajectoire bien nette. Pour chaque phénomène physique, la question se pose : appartient-il au camp des ondes ou à celui des corpuscules ? C'est à propos de la lumière que cette interrogation a atteint la plus dramatique intensité, notamment au XIXe siècle et au début du XXe. La lumière est-elle un corps spécifique ou est-elle le mouvement spécifique d'un corps ?

De curieuses interférences

Une expérience aussi simple que célèbre, dite « des deux fentes », dont Richard Feynman disait à juste titre qu'elle résumait à elle seule la quintessence de l'étrangeté quantique, montre en définitive que, pour la lumière aussi bien que pour tout autre objet microscopique, ces deux approches sont simplistes et insuffisantes. Il faut impérativement les dépasser.

Pour nous en convaincre, imaginons une machine lançant des billes vers un mur percé de deux fentes parallèles et proches l'une de l'autre, comme indiqué sur la figure page 24. Supposons qu'elle propulse toutes les billes à la même vitesse mais dans des directions quelconques. Un peu plus loin, disposons des boîtes qui réceptionnent les billes ayant franchi le mur. La plupart des billes sont arrêtées par le mur. D'autres passent par la première ouverture ou par la seconde, soit directement, soit en ricochant sur l'un des bords. Si, après avoir lancé un grand nombre de billes, on compte celles récupérées dans chacune des boîtes, on obtient un échantillonnage qui indique la variation de la probabilité d'arrivée des billes avec la position du point d'impact. Le nombre total de billes dans une boîte particulière est la somme de celles entrées par la fente 1 et de celles passées par la fente 2. Autrement dit, la probabilité P_{12} qu'une bille arrive dans une

L'expérience des deux fentes avec des billes

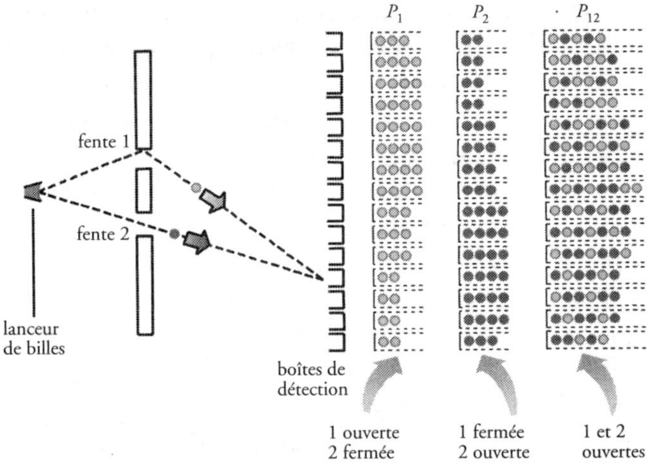

certaine boîte lorsque les deux fentes sont ouvertes est la somme de la probabilité P_1 qu'elle y arrive lorsque seule la fente 1 est ouverte (billes blanches sur la figure) et de la probabilité P_2 qu'elle y arrive lorsque seule la fente 2 est ouverte (billes noires) :

$$P_{12} = P_1 + P_2$$

Cette addition traduit un fait simple. Pour arriver dans une boîte donnée, une bille se voit offrir deux possibilités, et deux seulement : elle passe soit par la fente de droite, soit par la fente de gauche.

Retentons la même expérience avec des ondes, cette fois, par exemple des vagues à la surface de l'eau. Le mur percé des deux fentes devient une digue ouverte en deux endroits, et les boîtes sont remplacées par des bouées qui s'élèvent et s'abaissent au rythme des vagues. Laissons la fente 1 ouverte et maintenons la fente 2 fermée. Les amplitudes d'oscillation des différentes bouées sont indiquées sur la figure page 26. En revanche, si la fente 1 est fermée, nous obtenons un autre profil, lui aussi indiqué sur la figure. Enfin, si les deux fentes sont laissées ouvertes, nous découvrons un profil très différent de celui obtenu avec les billes. Apparaissent ce que l'on appelle des interférences.

Certaines bouées demeurent pratiquement immobiles. Car, lorsque le train d'ondes qui provient de la fente 1 rencontre celui qui provient de la fente 2, apparaissent certains points où les ondes sont toujours en « opposition de phase » : l'une est à sa crête au moment où l'autre est à son creux, et vice versa, de sorte que leur somme s'annule toujours en ces points, par destruction mutuelle des amplitudes. En d'autres points, au contraire, les deux ondes s'ajoutent de façon constructive, et dans ce cas l'amplitude de l'onde résultante est le double de celle de chacune d'elles. Ce phénomène d'interférence est la signature d'un comportement ondulatoire (les billes de l'expérience précédente n'interféraient pas). L'expérience des deux fentes apparaît ainsi comme le juge de paix capable de dire à quel genre d'objet nous avons affaire. Si elle

L'expérience des deux fentes avec des vagues

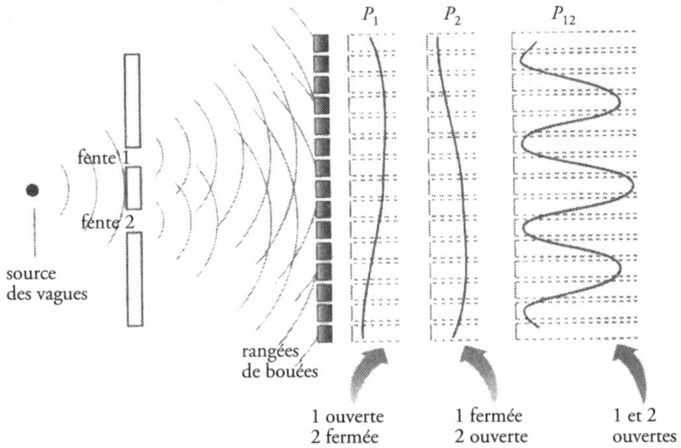

donne lieu à des interférences, c'est que l'on est en présence d'ondes. Sinon, ce sont des corpuscules.

Mais qu'en est-il des particules quantiques ? Réitérons l'expérience des deux fentes avec des électrons (voir figure ci-contre). Un canon à électrons envoie sur une plaque percée de deux fentes des électrons dotés de la même énergie. Le détecteur situé derrière cette plaque est recouvert d'un produit chimique qui blanchit au contact d'un électron. Dans ce type d'expérience, on ne sait pas par quelle fente les électrons passent. Nous conviendrons donc de les représenter moitié blancs, moitié noirs.

Si l'on s'imagine que les particules sont des corpuscules, l'on s'attend à retrouver le même résultat

L'expérience des deux fentes avec des électrons

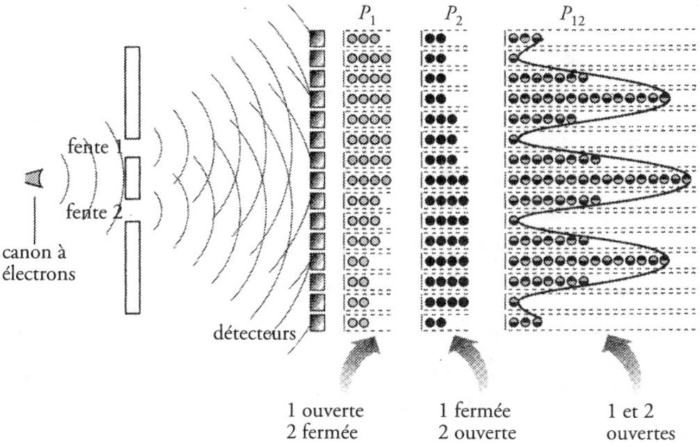

qu'avec les billes. Mais, surprise, on observe sur l'écran des interférences, signature d'un comportement ondulatoire ! Diminuons l'intensité du canon de telle façon que les électrons n'en sortent qu'un à un, l'émission et l'impact de chacun étant séparés (dans le temps) de ceux du précédent et du suivant. On constate alors que chaque électron est capté en un point bien précis du détecteur. Il ne s'est pas « étalé ». Le phénomène n'est donc pas purement ondulatoire. Chaque nouvel impact qui se produit sur l'écran accrédite l'idée que les électrons sont corpusculaires. Mais prudence ! gardons-nous de conclure trop vite, car petit à petit, à mesure que s'accumulent les impacts d'électrons, se reconstruit sur l'écran le système de franges d'interférences que nous avions obtenu lorsque les électrons avaient été envoyés en grand nombre. Ils ne sont donc pas de simples corpuscules, puisqu'ils forment des interférences lorsqu'ils arrivent en grand nombre. Ils ne sont pas non plus des ondes pures, puisqu'ils sont individuellement détectés comme de petites taches (qui finissent par tracer, en s'accumulant, une figure d'interférence). Un objet peut-il n'être ni une onde ni un corpuscule, le « contraire » d'une onde ?

Rassemblons nos idées. Puisque l'on envoie les électrons un à un, il s'agit de phénomènes indépendants les uns des autres. Chaque électron, s'il était un corpuscule, devrait forcément passer par l'une des fentes, et le fait que l'autre fente soit fermée ou ouverte ne devrait pas avoir d'incidence sur son comportement.

Si cette hypothèse était exacte, nous pourrions alors, par la pensée, séparer les électrons en deux lots bien distincts : d'un côté, ceux passés par la fente 1, de l'autre, ceux passés par la fente 2. Pour les premiers, tout devrait se dérouler comme si la fente 2 était fermée, et réciproquement. Il devrait donc y avoir en tout point un nombre d'électrons égal à la somme du nombre de ceux passés par la fente 1 et du nombre de ceux passés par la fente 2, c'est-à-dire une comptabilité identique à celle que nous avions obtenue avec les billes.

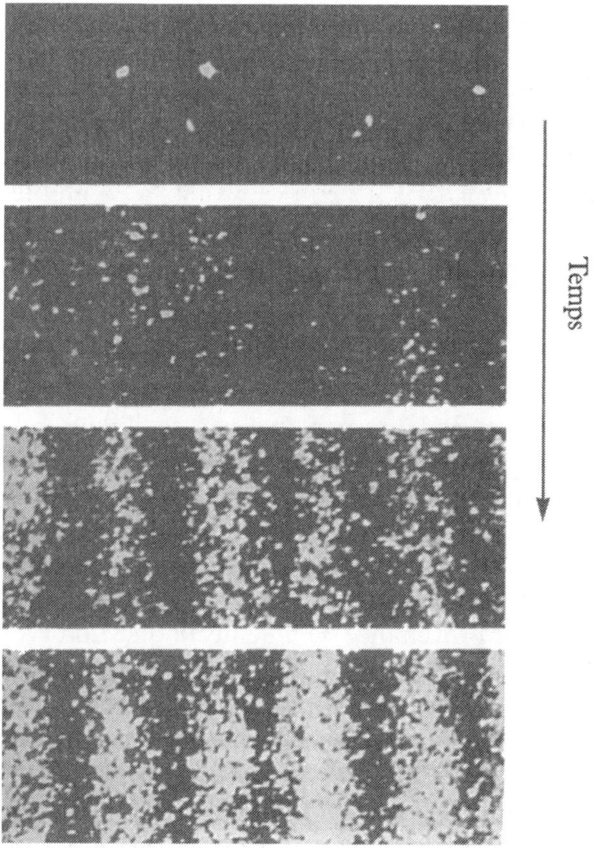

Ni corpuscule ni ondes.
Quels genres d'objets sont les électrons ? Dans un premier temps, le fait que chacun d'eux soit capté en un point précis du détecteur milite pour une nature corpusculaire plutôt qu'ondulatoire.
Mais, au fur et à mesure que s'accumulent les impacts successifs, se construisent des franges d'interférence caractéristiques des ondes...

L'expérience montre qu'il n'en est rien : les états (ouvert ou fermé) des deux fentes conditionnent la distribution spatiale des électrons sur l'écran ; curieusement, ouvrir une seconde fente, c'est-à-dire offrir une possibilité de passage supplémentaire à l'électron, c'est l'empêcher d'arriver à certains endroits puisque apparaissent alors des franges sombres qui sont autant de zones interdites !

Un point de notre raisonnement était donc erroné. Lequel ? Dans l'expérience précédente, nous ne pouvions pas dire par quelle fente chaque électron était passé. Reprenons-la, mais en nous attachant à déterminer par quelle fente chaque électron passe. Plaçons donc une source de lumière derrière la plaque et arrangeons-nous pour que, lorsque l'électron passe par une fente, de la lumière soit détectée en provenance de la fente en question (voir figure ci-contre). Grâce à ce dispositif, on peut marquer les électrons : en blanc ceux passés par la première fente, en noir ceux passés par la seconde. Fermons d'abord la fente 2. Les électrons (blancs) se répartissent alors comme l'auraient fait des billes. Fermons ensuite la fente 1 et rouvrons la 2. Les électrons (noirs) se répartissent symétriquement par rapport aux électrons blancs. Ouvrons maintenant les deux fentes. Nous n'observons plus d'interférences !

Qu'est-ce à dire ? Si nous cherchons à savoir par quelle fente chaque électron est passé, nous

L'expérience des deux fentes avec détermination de la fente par laquelle chaque électron est passé

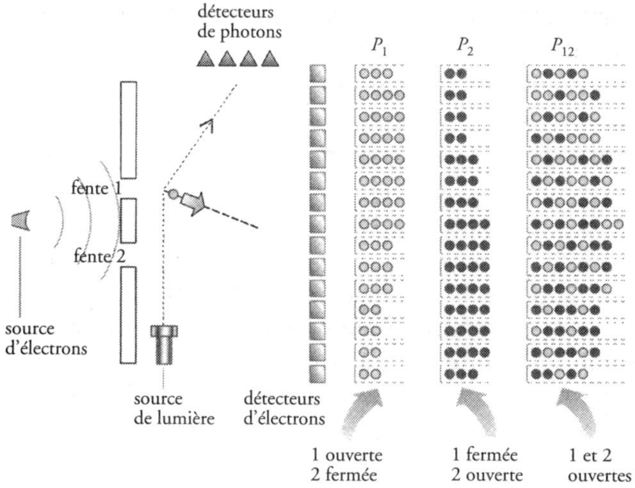

retrouvons un comportement identique à celui des billes. Alors, qu'est donc un électron ?

Résumons-nous calmement. Si l'on fait en sorte de déterminer par quelle fente les électrons passent, on n'observe plus d'interférences. Tout se produit comme s'il s'agissait d'une *autre* expérience que celle réalisée précédemment (sans éclairage des fentes). Réciproquement, si l'on observe les interférences, il devient impossible de répondre à la question : « Par quel trou est passé l'électron ? » Notre erreur se nichait donc là : contrairement à ce que nous avions envisagé, il n'est pas permis de supposer qu'on peut simultanément observer les interférences et identifier la fente empruntée par chaque électron.

Les leçons de l'expérience

Les résultats de cette expérience des deux fentes sont universels. Ils valent pour toutes les entités conventionnellement appelées « particules », qu'il s'agisse de lumière (les photons*) ou de matière (les électrons, protons, neutrons*, atomes...). Il est donc important d'en synthétiser les leçons principales.

Première leçon : nous ne pouvons plus imaginer que la particule de l'expérience est un corpuscule puisque cette représentation mène à une contradiction irréductible. Un corpuscule devrait passer par l'une des deux fentes du dispositif, et l'état – ouvert ou fermé – de l'autre devrait lui être indifférent. Ce n'est pas ce que nous observons. Il nous faut par ailleurs admettre que les propriétés que nous attribuons à une particule dépendent des caractéristiques du dispositif dans lequel elle évolue. Si nous utilisons un appareillage rendant les chemins indiscernables, c'est l'aspect ondulatoire de la particule qui se manifeste. Mais si nous utilisons un appareillage permettant de distinguer les chemins, c'est son aspect corpusculaire qui apparaît.

Deuxième leçon : nous avons vu que les particules interféraient lorsque nous ne cherchons pas à savoir par quelle fente elles sont passées. Dans le cas contraire, la figure d'interférence est brouillée. Puisqu'il n'est pas possible, dans un premier temps, de traduire cela autrement qu'avec des mots approximatifs, disons que les particules ont été comme « dérangées », ou « perturbées », par la mesure. Plus précisément, la mesure semble avoir « défini » leur trajectoire au sens où elle a imposé leur passage par une seule fente. Toute mesure apparaît ainsi comme une interaction entre l'objet microscopique sur lequel on effectue cette mesure et l'appareil de mesure proprement dit (qui est, lui, macroscopique). Cette interaction empêche de faire la part entre ce qui revient en propre à l'objet mesuré et ce qui revient en propre à l'appareil de mesure, comme si les propriétés des particules ne pouvaient plus être détachées des conditions de leur manifestation.

Des textes de Niels Bohr, l'un des pères fondateurs de la physique quantique, émergeait une variante plus radicale encore de cette idée. Selon lui, les objets quantiques ne possèdent aucun attribut propre. Ils constituent de fait des entités inséparables de leurs conditions d'observation : « Le point décisif, écrit Niels Bohr, est ici d'avoir reconnu que toute tentative est vouée à l'échec, qui aurait pour but d'analyser à l'aide des méthodes et des concepts de la physique classique “l'individualité” des processus atomiques qui résulte de l'existence du quantum d'action, et cela parce qu'il est impossible de séparer nettement un comportement non perturbé des objets atomiques de leur interaction avec les instruments de mesure indispensables pour cette analyse [1]. »

De telles conceptions de l'opération de mesure étaient absentes de la physique traditionnelle. Les physiciens s'étaient en effet habitués à l'idée qu'il est toujours possible de concevoir des appareils de mesure dont l'influence sur le système est aussi faible qu'on le veut : lorsqu'on introduit un thermomètre froid dans un liquide chaud, celui-ci se refroidit légèrement (sa température est plus basse après la mesure qu'avant). Mais, puisqu'on peut, en principe, calculer cette variation, on peut aussi l'éliminer par simple soustraction. D'où l'idée qu'idéalement une mesure, quelle qu'elle soit, enregistre objectivement quelque chose qui est « déjà là », sans modifier ses propriétés : elle n'aurait donc qu'un rapport passif avec le réel, se contentant d'opérer sur lui un simple décalque. La physique quantique a obligé à reconsidérer cette prétendue neutralité de l'opération de mesure, car pour elle le type de calcul que nous évoquions à propos du thermomètre est impossible. Dès lors, quel sens cela a-t-il de

---

1. Niels Bohr, *Physique atomique et connaissance humaine*, Gonthier-Médiations, 1964, p. 34.

parler des propriétés d'un objet microscopique tant qu'aucune mesure n'a été effectuée sur lui ? Cette interrogation sur la réalité des choses en dehors de la mesure ou de l'observation, le lecteur l'a sans doute appréhendée d'une autre façon le jour où il s'est demandé si l'ampoule de son réfrigérateur était bien éteinte lorsque la porte de ce dernier était fermée. Mais elle prend ici une portée nouvelle.

Troisième leçon : une expérience apparaît nécessairement partiale et finalisée. Ses modalités pratiques mettent en place les conditions qui définissent une gamme de phénomènes possibles. Un appareil de mesure peut rendre manifeste telle grandeur particulière, mais non telle autre. Si on pose une question de nature ondulatoire à une particule, par exemple en la faisant diffracter à travers des fentes, sa réponse sera de nature ondulatoire : on obtiendra des interférences (même si les points d'impact qui construisent progressivement ces interférences empêchent qu'on oublie tout à fait l'aspect corpusculaire). Si on lui pose une question de nature corpusculaire en cherchant à la détecter avec un écran fluorescent, par exemple, sa réponse sera de nature corpusculaire (son impact sur l'écran sera bien localisé).

La nature des appareillages utilisés détermine donc le type des phénomènes observés. Aucune expérience ne montre une particule se comportant simultanément comme une onde et comme un corpuscule, mais il semble nécessaire d'invoquer ces deux images, quitte à les combiner, pour traduire l'ensemble des résultats des expériences possibles.

Quatrième leçon : la notion de trajectoire, si fondamentale en physique classique, s'effondre littéralement. En effet, observant les interférences, nous ne pouvons pas préciser quel fut le parcours des particules entre la source et l'écran. Nous ne pouvons pas davantage dire au travers de quelle fente les particules sont passées. Il nous est donc impossible de prétendre suivre les particules individuellement et constamment dans l'espace. Elles n'apparaissent qu'ici ou là lors d'une mesure, c'est-à-dire lorsqu'elles sont détectées par un appareil conçu pour effectuer cette détection. Il n'est même pas possible de leur attribuer *en pensée*, dans l'intervalle séparant deux mesures, une trajectoire bien définie, c'est-à-dire de les imaginer occupant à chaque instant un lieu précis.

Cinquième leçon : les particules de l'expérience ont beau avoir toutes été émises dans des conditions identiques, nous ne savons pas à l'avance de façon certaine à quel endroit chacune d'elles va frapper l'écran. Voilà donc réduite à néant l'idée classique selon laquelle les conditions initiales et les forces mises en jeu suffisent à déterminer le mouvement ultérieur d'une particule. Dès lors, rien ne garantit que nous pourrons calculer autre chose que la probabilité, pour la particule, de se manifester en tel ou tel endroit de l’écran. Le déterminisme classique devra-t-il être abandonné au niveau microscopique ?

2

VERS UNE NOUVELLE REPRÉSENTATION DES OBJETS PHYSIQUES

En se livrant à de nombreux calculs, on peut gagner.

SUN TSU (VIe siècle av. J.-C.)

Les inventions d'inconnus réclament des formes nouvelles.

Arthur RIMBAUD

Redisons-le : toutes les particules, qu'elles soient de lumière ou de matière, manifestent tantôt des aspects ondulatoires, tantôt des aspects corpusculaires, mais elles ne sont ni des ondes ni des corpuscules. Comment rendre compte de cette ambiguïté phénoménale ? Une première piste, développée et argumentée par Niels Bohr en 1927, consiste à dire que les aspects ondulatoire et corpusculaire des objets quantiques sont complémentaires. Cette notion, en vérité délicate à saisir, était fondée sur l'idée que les formes d'expression de la physique classique sont indépassables dès lors qu'il s'agit de rendre compte des résultats de la physique… quantique. Elle est vite devenue le pôle des discussions de cette époque à propos de l'interprétation de la physique quantique, divisant l'ensemble de ses pères fondateurs : Max Planck, Erwin Schrödinger, Albert Einstein, Louis de Broglie s'y opposaient ; Werner Heisenberg, Wolfgang Pauli, Max Born, Paul Dirac l'acceptèrent – au moins pendant un temps – avec plus ou moins d'enthousiasme.

De la partialité des apparences

De quoi s'agit-il ? La complémentarité explique que les phénomènes physiques ne sont pas entièrement exprimables par l'image de l'onde ou par celle du corpuscule. Il faut faire appel aux deux à la fois. Ces deux représentations sont certes logiquement incompatibles, mais cela n'est pas gênant, car elles correspondent toujours à des situations expérimentales différentes. Selon Niels Bohr, le sens d'un concept physique n'est pas absolu. On ne peut le définir qu'au moyen d'une expérience concrète qui seule détermine s'il est possible ou non d'utiliser tel ou tel concept pour décrire l'information obtenue. La définition d'un concept n'est donc jamais qu'opérationnelle, de sorte qu'on n'est pas libre d'utiliser sans restriction un concept défini par une expérience concrète pour rendre compte de n'importe quelle autre expérience.

Revenons à l'expérience des deux fentes : si nous ne mesurons pas par quelle fente chaque électron passe, le concept d'onde est bien défini et la figure d'interférence apparaît ; mais si nous ajoutons le dispositif permettant de savoir par quelle fente passent les électrons, le concept de trajectoire est alors bien défini, mais les franges d'interférences se brouillent jusqu'à disparaître et nous ne pouvons plus, dans ce cas, employer le concept d'onde, puisque son sens et son usage ne sont plus définis par cette expérience.

Les concepts d'onde et de corpuscule apparaissent ainsi comme étant à la fois indissociables et exclusifs l'un de l'autre : il n'existe aucune possibilité de définir leur sens au moyen d'une seule expérience et on ne peut pas non plus les combiner en une seule catégorie. Mais ces deux concepts de la physique classique sont nécessaires pour épuiser tous les types d'informations que nous pouvons obtenir sur un objet quantique à l'aide de divers appareils de mesure.

La morale de l'ornithorynque

Cette situation présente quelque ressemblance avec celle que connurent les taxinomistes confrontés au premier spécimen d'ornithorynque empaillé qui arriva au British Museum en 1798. Ils crurent d'abord à une supercherie. Quelque génie de l'embaumement se serait-il amusé à « agrafer » un bec de canard au bout de la tête d'un quadrupède ? Mais très vite ils durent se rendre à l'évidence : point de trucage. Cet être inclassable existait bel et bien. Cependant, comme il est difficile d'admettre que l'inconnu puisse être radicalement nouveau, ils cherchèrent d'abord à ranger l'ornithorynque dans une catégorie déjà existante. Certains, voulant faire de lui un mammifère, refusèrent d'admettre qu'il pût pondre des œufs ; d'autres, voulant faire de lui un ovipare, nièrent l'existence des mamelles (que la femelle a très discrètes) et du lait (qu'elle répand dans l'eau pour nourrir ses petits). Au final, après quatre-vingts années de débats, l'existence des mamelles et des œufs put être rigoureusement démontrée et il fallut conclure que l'ornithorynque est *à la fois* un mammifère (comme les vaches) et un ovipare (comme les reptiles), donc inventer pour lui une nouvelle catégorie d'êtres vivants (celle, fascinante, des monotrèmes). En définitive, l'ornithorynque n'était paradoxal qu'au regard des anciennes catégories, abusivement considérées comme étanches.

Il en va de même pour l'onde et le corpuscule, les deux seules catégories que reconnaissait la physique classique. Les objets quantiques ont des comportements qui transcendent cette classification. Ni ondes ni corpuscules, ils sont « autre chose » : étalés dans l'espace tant que l'on ne mesure pas leur position, ils apparaissent bien localisés lorsqu'une mesure est accomplie. Mélangeant ainsi les aspects ondulatoire et corpusculaire sans se réduire à aucune de ces deux catégories, ils ont joué vis-à-vis de la physique classique le même rôle que les ornithorynques dans la classification des espèces.

Mais la physique n'est pas qu'une affaire de mots et d'analogies. De plus, si sa version quantique correspond bien à une révolution conceptuelle (c'est-à-dire si, en somme, le petit monde des *quanta* est bien un authentique nouveau monde), on se doute qu'on ne parviendrait pas à en exprimer le sel en changeant simplement notre façon d'utiliser les concepts classiques. De fait, au cœur du territoire quantique, les images classiques, même nouvellement associées les unes aux autres, perdent bel et bien toute pertinence. Une simple retouche de leurs relations mutuelles, aussi subtile soit-elle, ne suffit donc pas. Il faut *en plus* faire preuve de créativité afin d'inventer, sinon une nouvelle logique, du moins de nouveaux concepts, ceux que la physique quantique a en propre et dont, par conséquent, il n'existe pas de contrepartie en physique classique. Posons-nous donc la question : comment représenter mathématiquement les objets quantiques ?

L'art de faire des vagues

Manifestement, il y a dans le comportement de l'électron un aspect qui ressortit au registre ondulatoire. Comment expliquer les interférences lorsque l'expérience est réalisée avec des vagues ? En chaque point de la surface de l'eau, la hauteur de la vague résultante est la somme de la hauteur de la vague qui provient de la fente 1 et de celle de la vague qui provient de la fente 2. Il doit y avoir quelque chose de semblable dans le cas des électrons, du moins avant qu'ils soient détectés sous la forme d'impacts localisés. On doit donc pouvoir leur associer une sorte d'onde. Mais aussitôt, une question se pose : qu'est-ce qui, pour cette onde, est l'équivalent de ce qu'est la hauteur pour une vague ? C'est ce que les physiciens appellent une « amplitude de probabilité* ». Le mot amplitude intervient là pour rappeler le schéma ondulatoire, et le mot probabilité préjuge de l'interprétation qui sera donnée plus tard du formalisme. Une amplitude de probabilité n'est rien d'autre qu'un nombre complexe* dont la valeur est fonction des coordonnées d'espace et de temps, de la même façon que la hauteur d'une vague dépend de la position et du temps.

Soit a_1 l'amplitude de probabilité correspondant au cas où seule la fente 1 est ouverte. Considérons pour l'instant qu'elle constitue la représentation symbolique d'une particule passant par cette fente, et admettons qu'on puisse la calculer à partir de la configuration de l'expérience. Faisons ensuite l'hypothèse que la probabilité P_1 que l'électron apparaisse en un point M de l'écran est donnée par le module au carré de a_1, calculée au point M. Soit a_2 l'amplitude de probabilité correspondant au cas où seule la fente 2 est laissée ouverte. De la même façon, la probabilité P_2 que l'électron apparaisse en un point M de l'écran est donnée par le module au carré de a_2, a_2 étant là aussi calculée au point M.

$$P_1 = |a_1|^2 \text{ et } P_2 = |a_2|^2$$

Que se passe-t-il si les deux fentes sont ouvertes ? Convenons que, au lieu d'ajouter les probabilités associées aux deux trajets possibles, nous ajoutions plutôt les amplitudes de probabilité, de même que nous avions ajouté les hauteurs des vagues dans l'expérience pratiquée avec de l'eau. Dès lors, la probabilité P_{12} pour qu'un électron se manifeste au point M de l'écran devient :

$$P_{12} = |a_1 + a_2|^2$$

Or le carré d'une somme n'est pas égal à la somme des carrés. Conséquence : la probabilité P_{12} n'est pas égale à la somme des probabilités P_1 et P_2 obtenues chacune lorsqu'une fente seulement est ouverte. En particulier, aux endroits pour lesquels a_1 et a_2 sont opposées, la probabilité P_{12} qu'un électron s'y manifeste devient nulle. Ces endroits, ce sont précisément les franges sombres, où nul électron n'apparaît : ils sont très exactement l'équivalent des lieux où, dans l'expérience faite avec des vagues, une vague « en creux » rencontre une vague « en bosse », de sorte que la surface de l'eau reste immobile. Dans ce cas, les termes croisés qui interviennent dans le développement de $|a_1 + a_2|^2$ et qui sont responsables des interférences viennent exactement neutraliser la somme $P_1 + P_2$ des probabilités partielles.

Il semble que nous ayons trouvé là, par tâtonnement, un mode de description qui rend compte, en termes probabilistes, du fait que les électrons, lorsqu'ils sont nombreux, sont capables de produire des interférences. Il nous faudra nous en souvenir plus loin, au moment de présenter l'essentiel du formalisme quantique.

Auparavant, faisons un petit détour touristique par un grand principe, histoire de nous dégourdir les neurones.

3

LE PRINCIPE DE HEISENBERG OU LE SENS DE LA MESURE

C'est le langage qui doit s'adapter aux faits et non l'inverse. Tenter d'accommoder l'interprétation d'un phénomène avec un langage déjà formé et rempli d'a priori ne peut mener qu'à des conclusions fausses sur la nature des choses.

Ludwig WITTGENSTEIN

Le principe de Heisenberg, appelé « principe d'incertitude » mais mieux nommé « principe d'indétermination » (nous y reviendrons), a été abondamment commenté et souvent caricaturé. Il fait aujourd'hui partie des poncifs les plus poncés. Il semble même avoir été victime de lui-même : trop de présentations incertaines ont fait office de doublons. Or, contrairement à ce qui est si souvent proclamé, le principe de Heisenberg n'implique une limitation de la *précision* des mesures qu'en un sens particulier et très éloigné de l'acception courante de ce mot.

Les propos qui vont suivre ne valent pas démonstration : ils ne sont que des compromis aidant à diffuser les parfums essentiels d'un principe important. Mais il faut savoir que ce principe est démontrable, de façon rigoureuse, à partir d'une caractéristique des « opérateurs » que le formalisme quantique associe à chaque type de mesure : leur non-commutativité*. Il nous suffira de retenir que ce terme savant traduit la dépendance des résultats expérimentaux à l'égard de l'ordre chronologique dans lequel on utilise divers appareillages : mesurer la position d'une particule puis sa vitesse n'équivaut pas à mesurer d'abord sa vitesse puis sa position.

Trajectoires floues

Dans un premier temps, contentons-nous de suivre une démarche heuristique (analogue à celle que proposa Heisenberg en 1925, la fameuse expérience du microscope). Imaginons qu'un physicien veuille atteindre un objet par l'intermédiaire d'un projectile. Il doit pour cela connaître la trajectoire de ce dernier, qui se définit par l'ensemble des positions successives que le projectile occupe au cours du temps. Atteindre l'objet visé, c'est faire en sorte que l'une des positions de la trajectoire du projectile se confonde avec celle de l'objet. Mais mesurer une trajectoire impose de pouvoir voir le projectile qui la dessine. Ce dernier doit donc être éclairé. Or la lumière a une action sur l'objet qu'elle éclaire, un peu comme le vent sur une voile. Cette action, qu'on appelle la pression de radiation, est infime sur les objets macroscopiques, tels les ballons (tous sports), les cailloux (toutes formes) ou même les grains de poussière (toutes tailles). Mais, sur une particule, elle peut être gigantesque, au point d'envoyer ladite particule au diable Vauvert. D'où le dilemme : ou bien on éclaire la particule et on perturbe sa trajectoire, ou bien on ne l'éclaire pas et on ne peut rien savoir de sa trajectoire.

Le physicien réfléchit et conclut qu'il pourrait sans doute faire les choses plus en douceur, c'est-à-dire choisir de n'éclairer sa particule qu'à certains instants plutôt que continûment. Mais, s'il veut que sa mesure donne une bonne précision, il lui faudra mesurer un nombre suffisant de points de la trajectoire et donc envoyer autant de flashes lumineux qui bousculeront le mouvement. Il pourra alors réduire l'intensité de chaque flash de sorte que la somme de toutes les perturbations reste inférieure à la marge d'erreur qu'il s'est fixée. Las, ce raisonnement ne tient pas ! Le physicien ne pourra réduire l'intensité de chaque flash autant qu'il le voudrait. Il existe en effet une quantité élémentaire de rayonnement, le photon, qui correspond au flash minimal dont il dispose. L'énergie d'un flash ne peut pas être inférieure à une certaine valeur seuil dont l'existence est la manifestation de l'aspect corpusculaire de la lumière. Toute observation transfère une action minimale qui entache la mesure d'une indétermination obligatoire. Pour les atomes et autres particules, cette indétermination est telle qu'elle fait perdre tout sens à la notion de trajectoire.

Mieux on veut connaître la position d'un projectile, plus on doit effectuer de mesures. Cela impose d'envoyer davantage de flashes, dont chacun transfère à la particule une impulsion qui n'est jamais nulle. Une telle rafale modifie d'autant l'impulsion de la particule. Mais il y a un autre point : conformément aux lois de l'optique, la lumière n'interagit qu'avec les objets de dimension supérieure à sa longueur d'onde. Cette loi vaut pour tous les phénomènes ondulatoires. Ainsi les vagues dans l'océan ne sont-elles pas affectées par la présence d'un nageur, car celui-ci est en général petit par rapport à la distance séparant deux vagues successives (leur longueur d'onde). En revanche, elles sont perturbées par la présence d'un paquebot, capable, lui, de modifier localement leur configuration. Si la particule que nous choisissons pour cible est petite, la lumière qui l'éclaire devra donc avoir une petite longueur d'onde. Sinon, cette lumière ne « verra » rien de la particule éclairée, de la même façon que la houle ne se « ressent » nullement de la présence d'un baigneur. Or un flash de lumière porte d'autant plus d'énergie que sa longueur d'onde est plus courte. Cela veut dire que, si l'on éclaire la particule par une lumière de petite longueur d'onde (donc de grande énergie), l'impulsion transférée est grande. Une réduction de l'indétermination de la position de la particule entraîne donc une augmentation de l'indétermination sur son impulsion, c'est-à-dire sur sa vitesse.

Ce que nous venons de décrire n'est qu'un exemple parmi beaucoup d'autres de la manière dont on peut essayer de suivre la trajectoire d'une particule. L'important ici est de savoir que tout autre dispositif de détection serait affecté de la même façon. On résume en général cette conclusion ainsi : on ne peut connaître simultanément la position et la vitesse d'une particule quantique, comme s'il s'agissait simplement d'adapter au monde quantique l'adage selon lequel on ne peut avoir à la fois la vertu de la crémière et le sourire du crémier. Or cette formulation est contestable par au moins deux aspects : d'une part, elle présuppose que toute particule est un corpuscule, ce qui est faux ; d'autre part (mais c'est en fait la même chose), elle laisse entendre qu'il existerait une position exacte et une vitesse exacte de ladite particule, mais que nous serions incapables de les connaître simultanément, ce qui est tout aussi inexact.

La bonne façon d'interpréter le principe de Heisenberg consiste non pas à dire qu'il est impossible de déterminer simultanément la position et l'impulsion des particules, mais bien plutôt à affirmer que ces dernières ne *possèdent* jamais ces deux attributs simultanément. Plus précisément, la représentation formelle que la physique quantique se fait des particules ne leur attribue jamais ces deux caractéristiques *à la fois.* Pris ensemble, c'est-à-dire affectés *au même moment* à un objet donné, ces deux concepts n'ont plus de sens. Quant à la notion de trajectoire, définie comme la juxtaposition à tout instant d'une vitesse et d'une position, elle n'a plus de sens non plus.

Indétermination n'est pas imprécision

Tout cela montre – une fois de plus – qu'il est illégitime de prétendre caractériser les objets quantiques par les attributs des corpuscules classiques. Il nous faut changer de langage et inventer un nouveau système de représentation. Les particules n'ont rien à voir avec les petites boules auxquelles on les assimile trop souvent, par paresse ou par concession excessive à la simplicité. Le principe de Heisenberg peut d'ailleurs se lire comme une limitation de la représentation corpusculaire des particules : il indique précisément jusqu'où on peut aller trop loin avec les concepts classiques.

Mais, contrairement à ce qui est souvent dit, le principe de Heisenberg n'est pas une limitation de notre pouvoir de connaître puisque l'indétermination qu'il évoque n'est liée ni à l'imperfection du dispositif expérimental ni à une quelconque restriction de nos capacités de mesure. Elle n'est nullement le reflet ou l'effet d'une *imprécision* ou d'une *incertitude* de l'opération de mesure elle-même [1] : dans le cadre quantique, la position ou l'impulsion peuvent être mesurées avec une précision aussi grande que voulue, exactement comme en physique classique. Simplement, ces mesures faites sur des systèmes physiques (par exemple des particules) préparés dans les mêmes conditions (et donc décrits de la même façon) ne donneront pas toutes les mêmes

1. Jean-Marc Lévy-Leblond et Françoise Balibar ont développé à ce propos une thèse convaincante : la confusion dans laquelle continue de baigner le principe de Heisenberg a en partie pour origine l'*imbroglio* des hésitations terminologiques et des traductions douteuses. En effet, Heisenberg lui-même utilisa d'abord les mots *Unsicherheit* et *Ungenauigkeit* (« incertitude ») avant de s'arrêter sur *Unbestimmtheit* (« indétermination »), qui est de loin le meilleur terme puisqu'il renvoie à l'absence de détermination numérique univoque d'une grandeur physique. Mais ce dernier terme fut rapidement éclipsé, dans les traductions, au profit du regrettable mot « incertitude » (Jean-Marc Lévy-Leblond et Françoise Balibar, *When Did the Indeterminacy Principle Become the Uncertainty Principle?, Physics* 66, 1998, p. 278-279).

résultats. Les résultats obtenus sont chaque fois bien définis, mais différents d'un système à l'autre, se répartissant de part et d'autre d'une valeur moyenne. Disons, pour abréger, qu'ils sont statistiquement « dispersés ».

Imaginons maintenant que nous préparions un très grand nombre de systèmes identiques, par exemple des électrons dans un état physique bien défini, le même pour tous. Sur les uns, par exemple la moitié du total, effectuons une mesure de position. Les résultats obtenus différeront et seront caractérisés par une certaine dispersion autour d'une valeur moyenne. Sur les systèmes de l'autre moitié, effectuons une mesure d'impulsion. Les résultats seront eux aussi dispersés. Appliqué à cette situation, que dit le principe de Heisenberg ? Il énonce que le produit de la dispersion sur la mesure de la position par la dispersion sur la valeur de l'impulsion ne peut jamais être nul : il est nécessairement supérieur ou égal à un certain nombre divisé par 4π.

La constante de Planck

Mais quel est donc ce nombre qui fait barrage à la physique classique et à ses images platement corpusculaires ? On l'appelle la constante de

Planck, on le note *h* et il vaut $6{,}622.10^{-34}$ Joule. seconde. Il fut introduit en 1900 par Max Planck dans un tout autre contexte : il s'agissait alors de résoudre un problème en apparence marginal, celui du corps noir (voir annexe p. 159). Depuis, cette constante n'a cessé de gagner en universalité, au point de devenir une véritable constante universelle de la physique. Elle est aussi l'emblème du monde quantique. Que représente-t-elle ? La plus petite « action » qui puisse être. Qu'est-ce que l'« action » ? Une grandeur physique qui correspond au produit d'une longueur par une impulsion ou, ce qui revient au même, au produit d'une énergie par une durée. L'existence de la constante de Planck, action minimale, signifie donc qu'il ne peut y avoir d'interaction entre deux systèmes que s'ils s'échangent « quelque chose » et que ce « quelque chose » ne peut pas être réduit à rien. La valeur numérique de *h* a beau sembler minuscule (mais par rapport à quoi ?), son importance est cruciale puisque c'est d'elle que le monde quantique tire toute son étrange spécificité : un univers dans lequel la constante de Planck serait nulle serait bêtement classique, tout comme un univers dans lequel toutes les actions seraient très grandes par rapport à elle.

Heisenberg au secours de l'atome

Mais revenons au principe de Heisenberg pour signaler quelques-unes de ses conséquences, qui sont immenses. Il rend compte notamment de la stabilité des atomes. Nous avons vu qu'un atome, s'il était un système descriptible selon les lois de la physique classique, ne pourrait faire autrement que s'effondrer, l'électron venant percuter le proton. Comment le principe de Heisenberg vient-il contrecarrer un tel scénario ? Lorsque l'électron chute sur le proton, l'énergie potentielle (électrique) décroît vers des valeurs de plus en plus basses à mesure que la taille du système diminue, alors que l'énergie cinétique*, indépendante, peut devenir arbitrairement faible. L'énergie totale, définie comme la somme de l'énergie cinétique et de l'énergie potentielle, peut donc devenir elle-même arbitrairement basse, de sorte que l'effondrement de l'atome devient inévitable. Le principe de Heisenberg parvient, quant à lui, à expliquer la stabilité de l'atome, l'absence d'effondrement, donc, par la relation qu'il établit entre énergie potentielle et énergie cinétique, qui cessent donc d'être indépendantes l'une de l'autre. Comment cela ? Si l'électron s'approche du proton et reste confiné dans son immédiat voisinage, sa position devient mieux déterminée. Mais dans ce cas son impulsion devient, par contrecoup du principe de Heisenberg, moins bien déterminée, au point de pouvoir prendre une valeur élevée. Conclusion : lorsqu'il se rapproche du proton, l'électron voit son impulsion – et donc son énergie cinétique – augmenter, tandis que son énergie potentielle devient de plus en plus négative. Arrive un moment où l'augmentation de l'énergie cinétique finit par excéder la diminution d'énergie potentielle provoquée par le rapprochement de l'électron et du proton. Il n'est alors plus possible de diminuer l'énergie totale de l'électron, somme d'un terme qui croît et d'un autre qui décroît. Un niveau d'énergie existe donc en deçà duquel l'électron ne peut plus descendre, de sorte qu'il lui devient impossible de se jeter sur le proton. Ce niveau d'énergie particulier est appelé état fondamental de l'électron, celui dans lequel son énergie est minimale. Et voilà pourquoi, madame, monsieur, les atomes sont stables.

Le principe de Heisenberg rend possibles beaucoup d'autres phénomènes, le plus souvent étranges. L'effet tunnel, par exemple…

4

L'EFFET TUNNEL OU LES NOUVELLES RÈGLES DU SAUTE-MOUTON

Il est interdit d'interdire.

UN MUR, 1968.

L'idée de tunnel évoque celle de montagne. Rendons-nous dans les Alpes, du côté de Chamonix par exemple, puis lançons une bille vers le sommet d'une montagne. Au fur et à mesure que cette bille gagne de l'altitude, elle perd de la vitesse, donc de l'énergie cinétique, mais acquiert de l'énergie potentielle de gravitation, de sorte que son énergie totale (somme des énergies cinétique et potentielle) reste constante. Si la montagne n'est pas trop haute, la bille atteindra le sommet, basculera de l'autre côté puis descendra l'autre pente en accélérant. Mais, si la montagne est vraiment très haute, la bille s'arrêtera avant d'avoir pu atteindre le sommet et redescendra vers son point de départ. Dans un tel cas, les physiciens, qui ont droit comme tout le monde à leur jargon, disent que la bille « a été réfléchie par une barrière de potentiel ». Cela signifie qu'elle n'a pas pu franchir une région correspondant à une énergie potentielle supérieure à son énergie totale. Pour elle, atteindre le sommet supposerait qu'en cet endroit son énergie cinétique soit négative, ce qui est impossible (cela impliquerait que la vitesse de la bille est égale à un nombre imaginaire pur). La mécanique classique interdit donc à toute bille dont la vitesse est insuffisante de franchir une telle région pour rejoindre l'autre versant de la montagne.

Mastication des vaches et radioactivité α

La physique quantique est plus libertaire. Elle ne respecte pas cette interdiction, et cette violation d'une loi canonique de la physique classique donne justement lieu à l'effet tunnel. Ce phénomène de passe-muraille (ou plutôt de saute-mouton, comme nous le verrons plus loin) fut identifié dès 1928 par un physicien génial, George Gamow, également grand vulgarisateur et blagueur invétéré, qui reste connu pour avoir écrit un certain nombre d'articles et d'ouvrages importants. Mais son intelligence aussi jubilatoire que vive le porta à écrire *aussi* plusieurs articles canulars. C'est ainsi qu'un jour il adressa à la prestigieuse revue *Nature* un texte dans lequel il affirmait que la force de Coriolis expliquait une observation faite par lui au cours de ses voyages : les vaches mastiquent dans le sens des aiguilles d'une montre dans l'hémisphère Nord et en sens inverse dans l'hémisphère Sud... Certains, paraît-il, le crurent sans sourciller.

Mais revenons à notre sujet : on devine en effet que la contribution de Gamow en 1928 ne portait pas sur la mastication des bovins mais sur la radioactivité α. De quoi s'agit-il ? Certains noyaux atomiques sont capables d'émettre spontanément des particules α*, constituées de deux protons et de deux neutrons. En 1927, Ernest Rutherford, le découvreur du noyau atomique, avait constaté que, curieusement, le mécanisme inverse n'est pas toujours possible : des particules α frappant des noyaux d'uranium ne semblent pas pouvoir les pénétrer, même lorsque leur énergie est deux fois plus grande que celle des particules α émises par ces mêmes noyaux d'uranium. Gamow expliqua que ce paradoxe apparent disparaît si l'on admet que les particules α diffusent au travers de la barrière de potentiel, dite « coulombienne », résultant de la force électrique entre la particule α et le noyau (cette force électrique est répulsive puisque le noyau et la particule α sont tous deux chargés positivement).

La démonstration formelle qu'un tel phénomène peut avoir lieu a beau figurer dans les premiers chapitres de tous les cours de physique quantique, elle est trop compliquée pour être rapportée sans équations. Nous ne l'évoquerons donc pas, nous contentant d'affirmer ici qu'une particule peut effectivement apparaître de l'autre côté d'une barrière d'énergie... qu'elle ne doit pas pouvoir franchir si l'on s'en tient aux seules lois de la physique classique. Tout se passe en définitive comme si cette barrière (la montagne) était percée d'un véritable tunnel au travers duquel la particule, après de multiples tentatives infructueuses, finit par passer : la particule α étant confinée dans le noyau, elle ne cesse de rebondir sur la barrière de potentiel, jusqu'au moment où, aidée par le jeu des probabilités et la multiplicité des tentatives, elle finit par la traverser. Une particule de même énergie venant de l'extérieur du noyau n'a pour sa part droit qu'à un seul essai, en général infructueux. C'est ce distinguo qui explique les observations faites par Rutherford : des particules α frappant des noyaux d'uranium ne semblent pas pouvoir les pénétrer, même lorsque leur énergie est deux fois plus grande que celle des particules α émises par ces mêmes noyaux d'uranium

L'interdit classique se trouve donc levé. Toutefois, la physique quantique ne garantit pas que toutes les particules incidentes vont franchir l'obstacle. Elle montre simplement – et l'expérience le confirme – que la probabilité qu'une particule a de passer n'est jamais strictement nulle. Cette probabilité dépend de façon cruciale de la hauteur et de la largeur de la barrière. Dans les faits, elle se traduit ainsi : lorsqu'on envoie un flux de particules incidentes sur la barrière, on en voit certaines rebondir et repartir en arrière, tandis que les autres franchissent l'obstacle.

Perte d'étanchéité

Aucun territoire dans le monde quantique n'est donc vraiment étanche. L'effet tunnel intervient dans tous les phénomènes mettant en jeu atomes, électrons, noyaux et autres particules. Par exemple, deux noyaux atomiques peuvent fusionner même si leur vitesse relative est inférieure à celle qui serait nécessaire pour vaincre la répulsion électrique qu'ils exercent l'un sur l'autre. Dans un tout autre domaine, celui de l'électronique, de nombreux dispositifs sont fondés sur la possibilité qu'a un électron de franchir par effet tunnel des zones interdites par la physique classique. On peut citer l'exemple du microscope à effet tunnel, qui fut inventé en 1981 : une pointe métallique mise sous tension survole à quelques dixièmes de nanomètre (10^{-10} m) d'altitude la surface que l'on souhaite examiner. Par effet tunnel, des électrons peuvent passer de la pointe métallique à la surface en traversant l'espace vide qui les sépare, même s'ils n'ont pas l'énergie requise selon les critères de la physique classique. Le taux d'électrons qui traversent est extrêmement sensible à la distance qui sépare la pointe de la surface, de sorte qu'en ajustant finement l'altitude de la pointe, de façon à garder constant le « courant tunnel », on parvient à cartographier le relief des surfaces de façon très précise. L'effet tunnel, soucieux d'honorer son appellation, a donc permis de grandes percées.

On démontre que plus la particule est lourde et la barrière haute, moins l'effet tunnel a de chances de se produire. La probabilité qu'un objet macroscopique, telle la bille évoquée plus haut, franchisse la colline par effet tunnel est extrêmement faible, si faible que ce phénomène ne se produit jamais. Voilà pourquoi les cyclistes, qui sont encore plus lourds que les billes, doivent pédaler dans les côtes (le Tour de France n'est pas un jeu de hasard). En revanche, la probabilité qu'a un atome se déplaçant lentement de franchir une colline haute d'un micromètre et large d'autant est de l'ordre de 1 pour 100, ce qui suffit à donner quelque espoir aux atomes à la fois cyclotouristes et paresseux. Si l'on ajoute un deuxième atome au projectile (qui devient alors une molécule diatomique, c'est-à-dire une sorte de tandem microscopique), on réduit brutalement cette probabilité d'un facteur cent. On voit que la chute de la probabilité, quand on augmente la masse, est très rapide, au point qu'on peut parier sans prendre trop de risques qu'aucun objet macroscopique composé typiquement de plus de 10^{23} atomes n'a pu traverser de barrière conséquente par effet tunnel depuis la naissance de l'Univers.

Évidemment, ce ne serait pas le cas si la constante de Planck était beaucoup plus grande qu'elle ne l'est en réalité. Le monde aurait alors une tout autre allure puisque l'effet tunnel y deviendrait observable à notre échelle : impossible donc d'y fonder les notions de territoire, de frontière, de domicile ou de propriété privée [1]. Les sauteurs à la perche seraient systématiquement soupçonnés de tricherie

1. À ce propos, on lira avec profit et plaisir les loufoques *Aventures de Monsieur Tompkins*, rédigées par George Gamow : M. Tompkins, employé de banque, assiste à des conférences prononcées par un professeur de physique. Il se trouve ensuite transporté lors de ses rêves dans des mondes étranges, au sein desquels les constantes fondamentales de la physique sont modifiées, de sorte que des effets habituellement cachés dans la vie courante deviennent au contraire manifestes. Par exemple, la vitesse de la lumière y est beaucoup plus faible que sa vraie valeur (quelques dizaines de km/h au lieu de 300 000 km/s). Les effets relativistes deviennent donc perceptibles à quiconque roule à vélo. Quant à la constante de Planck, elle y atteint la valeur colossale de 1 J.s (au lieu de $6{,}622.10^{-34}$ J.s dans le monde ordinaire). L'effet tunnel apparaît ainsi observable à toutes les échelles, au point qu'il devient difficile, si l'on a des voisins, de rester tranquillement chez soi…

et les enceintes des prisons, au grand dam du ministre de la Justice, n'auraient d'efficacité que symbolique. Quant au brave Sisyphe, il se ferait moins les muscles à monter et à remonter son gros caillou.

Pour en finir avec l'effet tunnel, tentons de lui trouver, sinon une démonstration, du moins une explication « avec les mains ». Nous avons montré, à propos du principe de Heisenberg, que l'impulsion d'une particule n'est en général pas clairement définie. À cette dispersion de l'impulsion correspond une dispersion de l'énergie cinétique qui peut s'étendre au-delà de l'énergie potentielle de la barrière. Il existe donc une probabilité non nulle que la particule ait assez d'énergie pour passer par-dessus le sommet de la barrière. De cette explication approximative il ressort que l'effet tunnel est davantage un jeu de saute-mouton qu'une histoire de passe-muraille. Mais cette analogie ne saurait être érigée au rang de scénario fidèle à la réalité (aussi atomique soit-elle), car, comme toujours en physique quantique, les métaphores mènent rapidement à des contradictions.

Qui avait dit, bien avant les physiciens : « Tu ne feras point d'image… » ?

5

L'ADDITION OU LA QUINTESSENCE DU FORMALISME

Les lois de nos désirs sont des dés sans loisirs.

Robert DESNOS

Le moins que l'on puisse demander à une sculpture, c'est qu'elle ne bouge pas.

Salvador DALI

La physique quantique, avons-nous dit, repose sur un arsenal mathématique extrêmement rigoureux, ce qu'on appelle un formalisme. Est-il possible d'en présenter la quintessence ? Nous avons la prétention de penser que oui. Toute la question sera ensuite de savoir sur quoi ce formalisme porte et de quelle sorte de réalité il nous parle.

Nous savons d'expérience qu'il existe plusieurs types d'ondes et nous avons rappelé une propriété qui leur est commune à toutes, indépendamment de la matière de leur support : elles sont capables de se superposer. Cela signifie que la somme de deux ondes est encore une onde. Cette propriété formelle, qu'on appelle le « principe de superposition », traduit en quelque sorte la quintessence du concept d'onde. La physique quantique va la reprendre et la généraliser afin de lui donner une portée beaucoup plus vaste.

Une affaire d'état

Un système physique, par exemple une particule, se définit par un certain nombre de caractéristiques qui sont identiques pour tous les systèmes du même type. C'est ainsi que tous les électrons, où qu'ils soient et dans quelque environnement qu'ils se trouvent, ont rigoureusement la même masse et la même charge électrique. Mais, en plus de ces caractéristiques universelles, les électrons se voient attribuer des quantités qui, elles, peuvent varier de l'un à l'autre. Ce sont par exemple la position ou la vitesse. L'ensemble de ces quantités forme en physique classique ce qu'on appelle l'« état » de la particule, dont l'évolution temporelle est fixée par la loi fondamentale de la dynamique de Newton. À l'évidence, cette conception est de nature géométrique, au sens où sa description est directement réalisée dans notre espace euclidien : l'état de la particule précise en quelque sorte sa manière d'être dans l'espace, ou la forme particulière qu'y revêt sa réalité, et l'on y accède par des mesures de diverses grandeurs physiques. On devine que ce concept d'état, défini ici pour une simple particule, peut être aisément généralisé à tous les systèmes physiques.

La question est : comment doit-on représenter l'équivalent de cet état en physique quantique ?

Souvenons-nous de l'expérience des deux fentes et du commencement d'explication que nous lui avions donné. Formalisons-le davantage en décidant de représenter l'état de n'importe quel système physique par des entités, notées pour le moment *a, b, c…,* dont nous n'exigerons que deux propriétés :

1) d'abord, que l'on sache additionner ces entités entre elles, de façon à obtenir une entité du même type. Autrement dit, si *a* et *b* sont deux états possibles d'un certain système, l'état $(a + b)$ est *lui aussi* un état possible de ce système. Nous ne faisons ainsi que généraliser le principe de superposition en l'appliquant non seulement aux ondes, mais aussi à n'importe quel système physique. La règle de l'addition devient en quelque sorte universelle ;

2) ensuite, que l'on sache multiplier ces entités par un nombre quelconque. Pourquoi ? Parce que l'on peut, lorsqu'on a affaire à des ondes, parler d'une onde d'amplitude double ou triple d'une onde donnée.

En mathématiques, les entités qui satisfont à ces deux propriétés sont des vecteurs. Et l'ensemble qu'ils forment s'appelle sans surprise un espace vectoriel*. Désormais, nous appellerons donc les entités *a, b, c* qui représentent les divers états possibles des systèmes physiques des vecteurs d'état* (même si une ancienne terminologie, plus concrète mais de moindre portée, parle plutôt de fonctions d'onde). Ces vecteurs d'état sont précisément ce par quoi le formalisme quantique choisit de représenter les états physiques des systèmes. Ils sont des fonctions de l'espace et du temps.

Cette description des états physiques par des vecteurs d'état (ou, si l'on préfère, l'affirmation équivalente que le principe de superposition leur est applicable) est l'idée *fondamentale* de la physique quantique. En somme, elle exige l'addition pour tout le monde. Il est remarquable qu'un postulat aussi simple, enfoui au fin fond d'un formalisme par ailleurs labyrinthique, ait conduit à des progrès aussi considérables dans le domaine de la physique. Grâce à lui, de très nombreux phénomènes incompréhensibles en physique classique ont pu être décrits de façon élégante et synthétique. Par exemple, si la liaison chimique existe, c'est (pour dire les choses rapidement) parce qu'un électron peut être localisé *à la fois* sur plusieurs atomes, comme « suspendu » entre plusieurs positions, conformément à ce qu'exige le principe de superposition, de même que dans une molécule diatomique certains électrons, dits de valence, sont *à la fois* du côté gauche et du côté droit de la molécule, même si cette possibilité semble *a priori* saugrenue. Tout aussi singulier est le fait que ce sont justement les conséquences philosophiques du principe de superposition qui ont suscité les difficultés d'interprétation de la physique quantique et engendré certaines réticences à son encontre.

Le chat de Schrödinger et ses avatars

On devine en partie l'origine de ces problèmes. Le formalisme de la physique quantique opère au sein d'espaces vectoriels abstraits (dits de Hilbert) qui peuvent avoir un nombre infini de dimensions et sont de fait fort éloignés de l'espace physique dans lequel ont lieu les événements que ce formalisme prétend décrire. Cette émancipation vis-à-vis de l'espace physique ordinaire instaure donc une distance entre la représentation des phénomènes et les phénomènes eux-mêmes, distance au sein de laquelle viennent s'engouffrer toutes sortes de questionnements inédits.

De plus, comme l'ont vite remarqué Einstein et Schrödinger (dès 1935), le principe de superposition devient très dérangeant si on s'amuse à l'appliquer à des objets « usuels », c'est-à-dire à des objets observables à notre échelle. C'est pourquoi, dans le but de rendre manifestes les aspects paradoxaux de ce principe fondateur de la physique quantique, ils inventèrent chacun une expérience de pensée. Einstein prit l'exemple (aujourd'hui oublié [1]) d'un baril de poudre en état d'instabilité chimique et couplé à un atome radioactif, de telle sorte que la désintégration de l'atome libère une énergie suffisante pour déclencher l'explosion de la poudre. L'instant de la désintégration ne pouvant être prédit que de façon probabiliste, le vecteur d'état de l'atome s'écrit comme la superposition de l'état *atome désintégré* et de l'état *atome non désintégré.* Quant au vecteur d'état du baril de poudre couplé à l'atome, il s'écrit lui aussi sous la forme d'une superposition, cette fois des états *baril explosé* et *baril non encore explosé*. Or de tels états superposés ne s'observent jamais dans le monde macroscopique auquel appartiennent indéniablement les barils de poudre : soit ils ont déjà explosé complètement, soit ils n'ont pas encore explosé du tout.

Schrödinger, lui, eut beaucoup plus de succès en choisissant comme « objet » usuel un être vivant, qui a fait couler beaucoup plus d'encre que le baril

1. Cet exemple, littéralement tombé aux oubliettes, en a récemment été extrait par Michel Paty (voir son livre *La Physique du* XXe siècle, EDP-Sciences, 2003, p. 49).

d'Einstein. Il prit en effet l'exemple d'un malheureux chat, dit depuis de Schrödinger*, à la démarche sinon ondulatoire, du moins « ondulante [1] », qu'un dispositif diabolique (que nous allons détailler) prépare dans un état quantique superposé : au bout du compte, le chat est représenté comme étant *à la fois* mort et vivant ! Imaginons, explique Schrödinger (il ne s'agit que d'une expérience de pensée), un appareil capable de détecter l'émission d'une particule qu'un atome radioactif émet lorsqu'il se désintègre ; imaginons aussi une boîte et à l'intérieur de cette boîte plaçons un chat ; ajoutons à tout cela un dispositif conçu de telle sorte que, si l'émission de la particule issue de la désintégration a lieu, un marteau s'abat sur une fiole contenant un gaz mortel et la casse, ce qui provoque aussitôt la mort du chat. Ces différents appareils étant mis en place, refermons la boîte. Le vecteur d'état du système complet (boîte + chat + marteau + fiole) est fort complexe puisque ce système contient un très grand nombre

1. Pour des raisons qu'il faudra bien un jour éclaircir, lorsqu'il s'agit d'illustrer *charnellement* un paradoxe, le chat est l'animal le plus souvent choisi, même si la « chatitude » du chat ne joue en la matière aucun rôle spécifique. N'importe quel autre être vivant ferait tout aussi bien l'affaire : un paradoxe de la poule, de l'oie ou de la truie de Schrödinger aurait eu, du strict point de vue heuristique, exactement la même portée que celui du chat.

de particules, mais il est nécessairement du type *a* + *b*. Plus précisément, il est la superposition de l'état *atome désintégré – marteau baissé – fiole cassée – chat mort* et de l'état *atome non désintégré – marteau levé – fiole intacte – chat vivant.* Tant qu'aucune observation n'a été faite, le chat est donc dans un état incertain, ni mort ni vivant…

Nous accorderons à Schrödinger que pareille situation est difficile à concevoir du strict point de vue existentiel. Sans doute est-ce d'ailleurs la raison pour laquelle elle a suscité un nombre considérable d'articles et de livres. Nous nous contenterons pour le moment de noter que le point de vue de Schrödinger introduit dans la théorie quantique une part de subjectivité (absence ou présence d'un « observateur »). N'est-ce pas curieux pour une science censée décrire la réalité extérieure ?

Qu'est-ce qu'un état « superposé » ?

Avant d'aborder ces discussions délicates (et parfois oiseuses), allons voir plus précisément comment les choses se passent lorsque des états superposés sont en jeu. Soit une particule élémentaire, indivisible – par exemple un électron –, susceptible d'exister dans deux états différents. Le premier état sera représenté par le vecteur d'état *a*, le second par le vecteur d'état *b*. Ces vecteurs d'état spécifient l'état interne de la particule, par exemple son état de spin* (le spin est une propriété interne des particules, analogue mais non identique au concept de rotation sur soi-même). Supposons que cette particule, venant de la gauche, pénètre en suivant un canal I dans l'appareil schématiquement représenté par la figure ci-dessous. Cet instrument est lui-même conçu de telle sorte que, par l'entremise de dispositifs non représentés sur la figure, la particule soit dirigée dans le canal A si elle se trouve dans l'état interne *a*, et dans le canal B si elle se trouve dans l'état interne *b*. En conséquence, si nous savons *a priori* que la particule est soit dans l'état *a*, soit dans l'état *b*, l'observation de sa position à la sortie nous apprend laquelle de ces deux possibilités est réalisée.

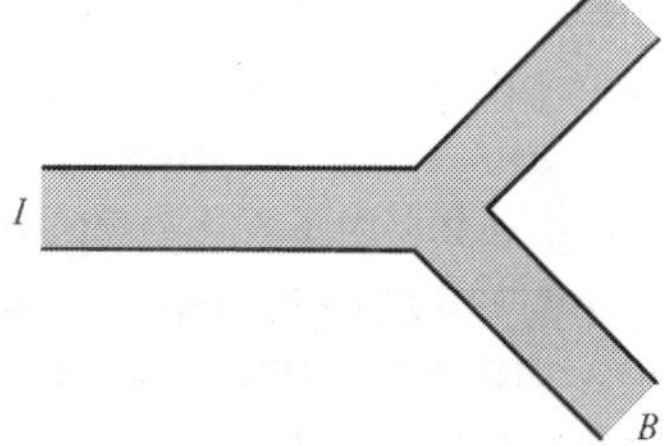

Mais nous avons oublié quelque chose : il nous faut aussi décrire l'état de la particule du point de vue spatial, c'est-à-dire spécifier dans lequel des trois canaux I, A ou B elle se trouve. Pour ce faire, nous aurons également recours à des vecteurs d'état, cette fois désignés par les lettres majuscules *I*, *A* et *B*. L'état complet de l'électron, qui spécifie à la fois son état interne et sa localisation dans l'espace, sera obtenu en formant les produits de ces vecteurs *I*, *A* et *B* avec les vecteurs d'états internes *a* et *b*. Ainsi, une particule qui se trouve dans l'état interne *a* et qui est encore située dans le canal d'entrée I sera représentée par le produit *aI*. Avec ces notations, les effets de l'appareil évoqué plus haut peuvent être traduits par les formules suivantes :

$$aI \rightarrow aA$$
$$bI \rightarrow bB$$

Jusque-là, tout est simple. Mais que dit maintenant le principe de superposition ? Que, puisque *a* et *b* sont des états internes possibles de la particule, $(a + b)$ est aussi un état interne possible de la particule. On doit donc pouvoir préparer une particule dans cet état interne et ensuite l'envoyer dans le canal I. Son état complet sera alors $(a + b)I$. Ensuite, que va-t-elle devenir ? Pour ce qui est de son vecteur d'état, la réponse est immédiate ; on l'obtient en ajoutant membre à membre les deux relations précédentes :

$$(a + b)I \rightarrow aA + bB$$

Mais quel sens faut-il donner au membre de droite $(aA + bB)$? On voit qu'il mélange deux termes, qui se rapportent pour l'un au canal A, pour l'autre au canal B. Or, la particule ici décrite étant supposée indivisible, il n'est pas concevable qu'elle se répartisse – comme le ferait un fluide – entre les canaux A et B. D'ailleurs, si l'on cherche à détecter la particule en plaçant un instrument de mesure à la sortie de chacun des deux canaux, on l'observe soit en A, soit en B, mais jamais aux deux endroits simultanément.

Une autre interprétation *a priori* possible consiste à dire que, dès qu'elle parvient à l'embranchement, la particule se dirige soit dans A en prenant l'état interne *a*, soit dans B en prenant l'état interne *b*. Cela signifie qu'à ce moment-là la superposition des états *a* et *b* cesse, de sorte que l'état interne de la particule se trouve bien défini. C'est soit *a*, soit *b*, et non plus la somme des deux. Mais cette interprétation ne tient pas, ainsi qu'on s'en rend compte en répétant la même expérience un grand nombre de fois et en recombinant chaque fois les particules venant de A et de B dans un nouveau canal I'.

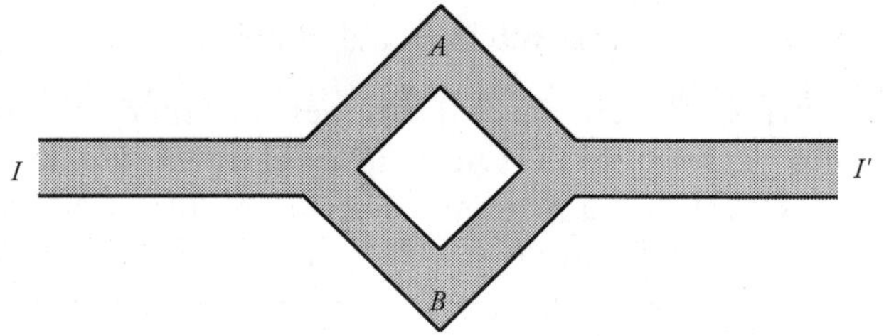

L'interprétation que nous venons d'évoquer nous conduirait à affirmer que l'état final est alors décrit, pour un certain nombre de cas, par *aI'*, et pour les autres cas par *bI'*. Autrement dit, nous aurions dans I' un *mélange* de particules ayant toutes un état interne bien défini, une fraction d'entre elles étant dans l'état *a*, les autres dans l'état *b*. Or on peut montrer qu'un tel mélange n'est pas identique à celui d'une population de particules qui seraient toutes dans l'état (*a* + *b*)*I'*. Il existe en effet des mesures qui donnent des résultats différents dans l'un et l'autre cas. Nous n'avons donc pas le droit de nous représenter par la pensée l'état de superposition quantique (*a* + *b*) comme un *mélange* ou une coexistence des états *a* et *b*. Qu'est-il alors ? Personne ne le sait vraiment, et c'est ce qui rend la physique quantique si délicate à interpréter. Elle nous dit simplement que, si l'on répète un grand nombre de fois l'expérience originale à partir de l'état (*a* + *b*)*I* en observant la particule à la sortie du dispositif, on la trouvera dans environ la moitié des cas dans l'état interne *a* et dans le canal A, et dans l'autre moitié dans l'état interne *b* et dans le canal B.

La physique quantique n'offre donc rien de mieux que des probabilités. D'une façon générale, elle indique seulement que si l'on effectue tel ou tel type de mesure on a telle ou telle probabilité d'obtenir tel ou tel résultat. Mais, tant que la mesure n'est pas faite, la grandeur censée quantifier la propriété physique dont il est question n'est pas strictement définie, du moins si le vecteur d'état de la particule s'écrit comme la somme de plusieurs états.

La réduction du paquet d'ondes

Juste avant la mesure, l'état de la particule était représenté par $(aA + bB)$. Si on détecte la particule dans le canal A et dans l'état interne *a*, il faut admettre qu'aussitôt après cette mesure son vecteur d'état est devenu aA. Son état interne tout comme sa localisation sont dès lors bien définis. Qu'est-ce que cela signifie ? Que la superposition quantique a été détruite par l'opération de mesure. La représentation mathématique de l'électron a été modifiée : d'une somme de deux termes elle est passée à un seul terme. La mesure a en quelque sorte contraint le vecteur d'état à perdre l'un de ses deux termes, de façon aléatoire. On dit qu'il y a eu « réduction du paquet d'ondes », reprenant ainsi une expression qui fut utilisée pour la première fois par Werner Heisenberg en 1927.

Cette règle établit une étrange liaison entre l'espace abstrait dans lequel évoluent les vecteurs d'état et l'espace physique ordinaire où ont lieu les phénomènes. La particule dont le vecteur d'état « emplissait » tout le volume de l'expérience apparaît soudainement localisée dans le canal A avec un état interne bien défini, comme si son vecteur d'état avait été changé instantanément en tout point de l'espace. Tout se passe comme si la mesure l'avait obligée à « prendre position », au sens propre comme au sens figuré.

En effectuant une mesure, on obtient donc une information partielle : on sait qu'immédiatement après la mesure la particule est localisée dans le canal A. Mais on n'a aucune information sur les probabilités relatives qu'elle avait *a priori* d'être détectée en A ou en B. Si c'est l'autre possibilité qui se réalise, c'est-à-dire si la particule est détectée non dans le canal A, mais dans le canal B avec l'état interne *b*, son vecteur d'état aussitôt après la mesure est *bB*. Là encore, il y aura eu réduction du paquet d'ondes.

Le vecteur d'état antérieur à la mesure permet donc de connaître *a priori* les différents résultats de mesure possibles (et aussi la probabilité de chacun d'eux). Il renferme toutes les potentialités du système, dont une seule s'actualise – de façon aléatoire ! – lors d'une expérience donnée. Le déterminisme classique doit en l'occurrence être abandonné. Mais, si l'on refait aussitôt après une seconde mesure de la même quantité physique, on ne peut retrouver qu'un seul résultat, celui qu'a donné la première mesure. La probabilité de l'obtenir est alors égale à un, ce qui n'était pas le cas la première fois. Une chose est en outre à noter : avec cette seconde mesure, on n'a obtenu aucune information supplémentaire sur l'état de la particule avant la première mesure.

Si c'est dans l'état *aA* que la particule apparaît, la tentation est grande – irrésistible même – d'imaginer que son état était déjà celui-là avant la mesure. Cela revient à considérer que la mesure n'a rien fait d'autre que révéler une situation déjà existante. Elle a simplement enregistré un état de fait. Mais, si on se forme une telle image des choses, on tombe sur des contradictions analogues à celles que nous avons citées lorsque nous présentions l'expérience de recombinaison des faisceaux (dans le cas de l'expérience des deux fentes, cela reviendrait à affirmer que la particule est passée par une seule fente lorsque les deux fentes sont ouvertes, et donc à tuer dans l'œuf la possibilité qu'il y ait les interférences observées).

Autrement dit, on ne peut pas affirmer que la particule détectée dans l'un ou l'autre des canaux s'y trouvait déjà juste avant la mesure. Sa position, décrite par une superposition quantique, n'était pas déterminée.

Plus généralement, on ne peut plus prétendre qu'une particule détectée dans un état donné se trouvait déjà dans cet état juste avant la mesure et donc qu'elle possédait la propriété mesurée antérieurement à l'opération de mesure. Il faut admettre que, lorsqu'une particule est représentée par un vecteur d'état qui s'écrit sous la forme d'une somme de plusieurs termes, ses propriétés physiques sont indéterminées au sens où on ne peut pas leur attribuer une valeur bien définie qui soit certaine. Le vecteur d'état antérieur à la mesure contient seulement toutes les possibilités du système et il ne donne pas davantage que la probabilité que telle ou telle valeur soit sélectionnée au hasard à l'issue d'une mesure. Dès lors, comment parler des particules comme de « choses en soi » s'il faut effectuer des mesures pour que leurs propriétés soient bien définies ? A-t-on encore le droit de leur attribuer une réalité physique autonome, indépendante de l'instrument d'observation ? On voit que le problème de la mesure en physique quantique incite à s'interroger sur ce que l'on entend au juste par *réalité*.

La réduction du paquet d'ondes apparaît ici comme une règle plaquée sur le formalisme mathématique afin d'établir une connexion entre la représentation des systèmes physiques et les résultats expérimentaux. Elle possède une vertu immense, qui est que les prédictions qu'elle permet sont toujours conformes aux observations. Il n'empêche qu'elle pose par ailleurs de redoutables problèmes d'interprétation.

En premier lieu, s'il est vrai que le vecteur d'état contient tout ce que l'on peut savoir d'un système quantique, autrement dit si le formalisme quantique est *complet*, il faut admettre qu'un phénomène ne peut être interprété comme fournissant des informations concernant les propriétés qu'auraient les objets eux-mêmes, indépendamment de la connaissance que nous en avons. Songeons à une pierre. C'est un objet qui existe « pleinement » au sens où nous n'hésitons pas à lui attribuer par la pensée des propriétés bien définies : une taille, une forme, une couleur qui sont ce qu'elles sont, même en l'absence d'observateur. Les objets quantiques, eux, ne semblent pas pouvoir être considérés de la sorte puisque leurs propriétés ne sont pas toujours déterminées antérieurement à la mesure qui en est faite.

Ensuite, la question se pose de savoir de quoi procède la réduction du paquet d'ondes. Simple recette ou bien véritable effet physique résultant de l'interaction entre l'objet mesuré et l'appareil de mesure ?

Ces questions ont donné lieu, on s'en doute, à d'intenses controverses et fait l'objet de brillants travaux. Certains physiciens, désorientés par ce principe qui tenait selon eux de la pure magie, n'ont eu de cesse de montrer qu'il conduisait à des situations paradoxales ou absurdes. La situation burlesque du chat de Schrödinger que nous évoquions plus haut, inventée en 1935, en est l'exemple le plus célèbre.

La physique quantique est-elle complète ?

En 1959, Louis de Broglie, troublé par la réduction du paquet d'ondes, énonça un autre paradoxe qui porte son nom. Soit une boîte dans laquelle on a placé un électron. Avant de faire une quelconque observation, la probabilité de trouver l'électron est à peu près la même partout dans la boîte, puisque le vecteur d'état qui le décrit prend place dans tout le volume de ladite boîte. Supposons que nous scindions la boîte en deux parties d'égal volume A et B, grâce à une double cloison à glissière. Après cette opération, le vecteur d'état se distribue sur chacune des boîtes A et B. Il indique seulement qu'il y a une chance sur deux que l'électron soit trouvé dans la boîte A et une chance sur deux qu'il soit trouvé dans la boîte B. Laissons la boîte A à Saclay et emportons la boîte B à Chamonix. Ouvrons la boîte A. L'électron s'y trouve. Dès lors, on sait avec certitude que l'électron n'est pas dans la boîte B. Son vecteur d'état y est donc désormais nul. Notre impérieux bon sens nous souffle alors que, si l'électron a été trouvé dans la boîte A, c'est tout simplement parce qu'il y était dès le partage de la boîte en deux moitiés. Autrement dit, le vecteur d'état dans B n'a pas été annulé par la mesure : il y a toujours été nul ! Or ce n'est pas ce que dit la physique quantique, qui distribue de façon équitable le vecteur d'état – et donc la probabilité de présence – dans les deux boîtes. Dès lors, si la physique quantique est complète, il faut admettre deux choses : d'une part, que le fait de détecter la particule à Saclay a aussitôt anéanti – à distance ! – le vecteur d'état dans la boîte de Chamonix par le biais de la réduction du paquet d'ondes ; d'autre part, que tant que la mesure n'avait pas eu lieu, l'électron n'était pas localisé dans une seule boîte. Il hantait les deux boîtes tel un fantôme spatialement dilué.

Tout cela ne fait-il pas beaucoup de couleuvres à avaler ? Certains physiciens ont en tout cas tenté de rendre les choses *a posteriori* plus acceptables. Comment ? En considérant que la physique quantique est en réalité *incomplète* du point de vue descriptif. Certes, elle permet toujours de faire les bonnes prédictions (elle est donc *prédictivement* complète), mais, selon eux, les vecteurs d'état par lesquels elle représente les états des systèmes physiques ne contiennent pas toute l'information : ils omettent de prendre en compte certains paramètres supplémentaires, les « variables cachées ». Qu'est-ce que cela signifie ? Revenons à notre histoire de boîte coupée en deux. Le fait de dire que l'électron observé à Saclay était déjà dans la boîte A avant son ouverture revient à introduire un nouveau paramètre, non contenu dans le vecteur d'état, qui précise la localisation qui était celle de l'électron au moment où la boîte a été scindée en deux parties. Ce paramètre vaut par exemple 0 si l'électron était dans la boîte A à ce moment-là et 1 s'il était dans la boîte B. La physique quantique, parce qu'elle fait fi de ce paramètre dans sa façon de décrire les systèmes, serait donc descriptivement incomplète. On devine qu'une telle conception pourrait sauver le sens commun et rétablir le réalisme ordinaire.

Mais cette façon de voir est-elle tenable ? Autrement dit, a-t-on ou n'a-t-on pas le droit de considérer que la physique quantique est incomplète ? Cette simple question résume à elle seule tout l'enjeu de la controverse passionnante qui a opposé durant de longues années Niels Bohr et Albert Einstein. Le vecteur d'état dit-il tout ce qu'il est possible de savoir à propos d'un système ou bien lui manque-t-il quelque chose ? Si la physique quantique est incomplète, il faudra chercher d'autres principes, plus profonds que les siens et qui, eux, permettront de construire une théorie vraiment complète (et peut-être déterministe). Si au contraire la théorie est complète telle quelle, il faudra dans ce cas vraiment creuser la question de son interprétation et en trouver une qui soit si possible incontestable.

Einstein et Bohr, ces deux géants, ne s'y étaient pas trompés : cette question est vraiment cruciale, au point de subsumer toutes les autres. Pourquoi ? Parce que, comme nous allons le voir dans les prochains chapitres, les attributs que nous accordons aux objets de la réalité ne sont pas les mêmes selon les réponses que l'on apporte à cette question.

6

L'INTRICATION QUANTIQUE OU L'EFFET ROLLING STONES

Je ne sais pas comment ça a pu arriver, mais un lien s'est créé, là, qui tient toujours malgré tout le reste, comme un pacte très solide.

Keith RICHARDS

C'est comme si tu étais divisé.

Mick JAGGER

L'idée de localité des objets va de soi. Toute chose nous apparaît située en une zone précise de l'espace et, lorsque deux objets se trouvent en des lieux différents, nous sommes convaincus que les effets de l'un sur l'autre décroissent avec la distance. C'est donc sans états d'âme que nous nous croyons autorisés à oublier, lorsque nous étudions l'un de ces objets, l'existence de l'autre : son évolution ne saurait dépendre d'événements se produisant en des points éloignés de l'espace. Plus exactement, nous pensons que des événements lointains ne peuvent exercer d'influence sur des objets proches que s'il y a entre eux une *médiation*, de quelque ordre qu'elle soit.

Voilà pourquoi, lorsque nous avons affaire à une paire de particules, nous considérons qu'un tel système est *séparable,* au sens où nous estimons être en droit de parler séparément de chacune des particules qui forment cette paire. Elles représentent l'une et l'autre une entité physique à part entière, au même titre que le système global qu'elles constituent à elles deux. Le tout n'est-il pas la somme de ses parties ? Sans doute, mais la physique quantique ne nous a-t-elle pas déjà réservé quelques surprises qui devraient nous inciter à nous méfier des idées les plus évidentes ? Mieux vaut donc rester prudent. Déjà, un vecteur d'état étant généralement étalé dans l'espace, il se pourrait que le caractère absolu de l'idée de localité telle que nous venons de la définir soit par lui mis à mal.

Des particules qui s'entremêlent

Imaginons deux particules arrivant l'une vers l'autre et entrant en collision. Avant le choc, chacune d'elles est décrite par un certain vecteur d'état. Mais comment décrire la paire qu'elles forment ? Une vision classique des choses nous porterait à former la somme des deux vecteurs d'état individuels, exactement comme s'il s'agissait de combiner deux phénomènes ondulatoires. Mais ce n'est pas ce qu'indique la règle quantique, qui décrit la paire de particules par le *produit* et non par la somme, des deux vecteurs d'état individuels. Autrement dit, il faut opérer exactement comme lorsqu'il s'est agi de combiner l'état interne d'une particule et sa localisation.

Que devient ce produit après la collision ? Le calcul montre que, même lorsque les deux particules sont très éloignées l'une de l'autre, il n'est plus possible de factoriser le vecteur d'état de la paire en deux vecteurs d'état correspondant chacun à l'une des deux particules. Il s'écrit en effet comme une somme de deux produits qui semble les « mélanger » : on ne peut plus dire que, dans l'état final, chaque particule a son vecteur d'état bien à elle. Seule la paire, c'est-à-dire le système global et non ses éléments, en possède un qui soit bien défini. Mais cette paire semble « étalée » dans l'espace. De plus, son vecteur d'état a comme *entremêlé* les deux particules, de sorte que cela n'aurait aucun sens de parler des vecteurs d'état « finals » de chacune des deux particules.

Ce phénomène d'« intrication » (car c'est ainsi qu'on l'appelle) fut découvert par Erwin Schrödinger au début des années 1930. Radicalement opposé aux modes de pensée de la physique classique, il est caractéristique de la physique quantique, et ses conséquences sont à la fois considérables et difficiles à concevoir.

Pour faire cesser cette intrication d'états, une seule solution : effectuer une mesure sur l'une ou l'autre des deux particules en un endroit où le calcul indique qu'on a une chance de l'y trouver. Par le biais de la réduction du paquet d'ondes déjà évoquée, cette mesure réduira le vecteur d'état à l'un des deux termes qu'il contient, de sorte qu'il prendra la forme d'un produit de deux vecteurs d'état individuels. Aussitôt après, chacune des deux particules se trouvera donc dans un état qui lui sera propre. Mais on voit surgir une question embarrassante, du moins pour ceux qui tiennent fermement à la localité : comment un acte de mesure effectué en un lieu donné peut-il affecter instantanément et à grande distance l'état d'un système décrit comme délocalisé ?

Le tout n'est plus la somme des parties

Afin de saisir toute la portée de ce concept d'intrication, regardons les choses plus en détail. Soit deux particules identiques (par exemple deux électrons) produites ensemble à partir d'une source et s'éloignant dans des directions opposées. Appelons l'une la particule 1 et l'autre la particule 2. La première part vers la gauche et la seconde vers la droite. Conformément à ce que nous avons déjà vu, chacune d'elles est caractérisée par sa localisation et par son état interne, qui est soit *a,* soit *b.* Supposons en outre que les conditions de production de ces deux particules soient telles que celles-ci ne peuvent être dans le même état interne : si la particule 1 est dans l'état *a,* la particule 2 est nécessairement dans l'état *b,* et réciproquement. On dit alors que les états internes des deux particules sont « corrélés », au sens où la connaissance de l'un suffit à connaître aussitôt l'autre, sans qu'il soit nécessaire de procéder à une mesure.

Les vecteurs d'état étant fréquemment notés par la lettre Ψ, nous conviendrons que $\Psi_1(a)$ représente la particule 1 dans l'état *a,* et que $\Psi_2(b)$ représente la particule 2 dans l'état *b.*

Si c'est le premier des deux cas évoqués plus haut qui se produit, c'est-à-dire si la particule 1 est dans l'état *a* et la particule 2 dans l'état *b,* le vecteur d'état de la paire s'écrira :

$$\Psi_{12} = \Psi_1(\mathrm{a}) \times \Psi_2(b)$$

Si c'est au contraire le second cas qui se réalise, le vecteur d'état devient :

$$\Psi_{21} = \Psi_2(\mathrm{a}) \times \Psi_1(b)$$

Il s'interprète en disant que, cette fois, c'est la particule 2 qui est dans l'état *a* et la particule 1 dans l'état *b*.

Ces deux situations posent-elles des difficultés particulières ? Non, puisque l'état interne de chaque particule y est bien défini. En revanche, un problème surgit dès qu'on se rend compte qu'on ne peut savoir *a priori* laquelle des deux situations se réalise. Est-ce la particule 1 qui est dans l'état *a* ou bien la particule 2 ? Les deux particules étant indiscernables, il est impossible de le dire *a priori.* La seule chose certaine, c'est que les deux hypothèses sont également possibles. Dès lors, en vertu des bons principes quantiques, en l'occurrence du principe de superposition, nous devons écrire que le véritable vecteur d'état de la paire est la somme des vecteurs d'état correspondant à chacune des deux possibilités :

$$\Psi_{\text{paire}} = \Psi_{12} + \Psi_{21}$$

L'entremêlement que nous évoquions plus haut apparaît ici clairement. Bien que les deux particules n'interagissent pas, on ne peut pas, dans un tel vecteur d'état, isoler d'un côté ce qui revient à la particule 1 et de l'autre ce qui revient à la particule 2. Étant constitué d'une somme irréductible (il n'est pas *factorisable*), il peut donner lieu à des phénomènes d'interférence, comme dans l'expérience des deux fentes. On parle plutôt dans ce cas de « corrélations quantiques ».

Une remarque importante s'impose ici : la seule connaissance de Ψ_{paire} ne permet pas de connaître l'état individuel de chacune des particules de la paire, puisque, par exemple, nous ne sommes pas en mesure de dire laquelle des particules 1 et 2 est dans l'état *a*. La description du « tout », ici de la paire, n'implique plus celle de ses parties, c'est-à-dire des deux particules qui la composent. Réciproquement, la description précise des parties, telle celle fournie par les vecteurs d'état Ψ_{12} ou Ψ_{21} pris isolément, ne donne pas accès à celle du tout puisqu'elle omet de prendre en compte la possibilité qu'il y ait des corrélations quantiques au sein de la paire. Conclusion : en physique quantique, la connaissance des parties, si loin qu'elle soit poussée, semble insuffisante à fournir une connaissance du tout. Rien d'analogue n'existe en physique classique.

Il faut certes se méfier des analogies, mais il se passe en quelque sorte la même chose avec certaines formations de musiciens, notamment avec « le plus grand groupe du monde », les Rolling Stones (bien sûr) : le groupe légendaire qu'ils forment est autre chose que la juxtaposition de ses quatre membres, et même une connaissance précise de qui sont, individuellement, Mick Jagger, Keith Richards, Ronnie Wood et Charlie Watts n'offrirait aucune idée des connivences qui, sur scène, les font devenir davantage que l'addition de chacun d'eux. Est-ce à dire qu'ils sont « non séparables » ?

7

LA « NON-SÉPARABILITÉ » ET LA CONTROVERSE BOHR-EINSTEIN

Et nous voici comme dans un pays tout inconnu au sein même du réel pur.

Paul VALÉRY

De deux choses lune
L'autre c'est le soleil.

Jacques PRÉVERT

Les objections d'Einstein

Albert Einstein fut un physicien révolutionnaire à de nombreux égards. Il n'a pourtant jamais accepté certaines conclusions auxquelles la physique quantique amène quand on la considère comme une théorie complète. Quelques années avant sa mort, il écrivait encore à Louis de Broglie, philosophiquement proche de lui : « Je dois ressembler à une autruche qui sans cesse cache sa tête dans le sable pour ne pas faire face aux méchants quanta. » D'où venait cet embarras critique qui confina parfois au rejet ? De la conviction qu'une théorie scientifique ne doit pas être jugée à l'aune de sa seule efficacité : on doit aussi attendre d'elle une indication sur la structure même du réel.

Einstein avait apporté plusieurs contributions décisives à cette nouvelle physique. Il la considérait comme une théorie très ingénieuse et louait tout à la fois, sans la moindre réserve, son efficacité opératoire et sa portée pratique. Mais il y avait une chose qu'il ne lui reconnaissait pas : la capacité de dépeindre les structures intimes du réel tel qu'il existe indépendamment de nous.

Les objections du père de la relativité étaient de deux ordres. D'abord, à ses yeux, une bonne théorie physique devait éliminer le hasard, sinon de ses constructions, du moins de ses principes. Or la physique quantique stipule que, connaissant l'état initial d'un système physique, on ne peut pas en général prédire avec certitude les résultats d'une mesure effectuée sur lui, mais seulement calculer les probabilités d'obtenir tel ou tel résultat si l'on pratique telle ou telle mesure. Ensuite, Einstein tenait au « réalisme » ordinaire des physiciens : la physique se doit de retrouver l'idée d'un monde réel dont les plus minuscules parcelles existent objectivement, c'est-à-dire comme existent les cailloux, les tables et les chaises, que nous les observions ou non. Pour Einstein, il y avait des faits, des événements qui étaient réels : ils n'étaient pas seulement des « réalités pour nous », mais bien d'authentiques « réalités tout court ». Comme nous l'avons vu, ce réalisme semble laissé de côté par la physique quantique orthodoxe, qui fait explicitement intervenir la mesure expérimentale dans la définition des propriétés des objets microscopiques.

De ce double constat, Einstein tirait la conclusion que la physique quantique est incomplète au motif qu'elle échoue à décrire les raisons des comportements des systèmes individuels, se contentant de prévoir les propriétés moyennes ou statistiques des constituants de la matière. Les objections d'Einstein culminèrent en 1935 dans un article célébrissime de seulement quatre pages, dit « EPR » en référence aux initiales des auteurs : Einstein et ses deux collaborateurs du moment, Boris Podolsky et Nathan Rosen [1].

Le dessous des cartes

Dans cet article génial, sans faire la moindre hypothèse relative au déterminisme ou à l'indéterminisme, il proposa une expérience de pensée dont

1. Albert Einstein, Boris Podolsky, Nathan Rosen, *Physical Review* 47, 777, 1935.

l'ambition était de montrer que la théorie quantique ne nous dit pas tout ce que nous sommes en droit d'attendre d'une bonne théorie physique. Ses hypothèses de départ sont au nombre de trois :

(a) Les prédictions de la physique quantique sont justes.

(b) Aucune influence ne peut se propager plus vite que la lumière. Cette hypothèse prend en compte les acquis de la théorie de la relativité. Elle implique qu'il existe des cas dans lesquels on peut être certain que, de deux événements, aucun n'influence l'autre : lorsque ces deux événements sont si lointains dans l'espace et si rapprochés dans le temps que la lumière n'a pas le temps de les relier. Ils se passent donc « chacun dans son coin », sans qu'aucune relation causale puisse les connecter l'un à l'autre. Cette hypothèse s'appelle le principe de localité d'Einstein.

(c) Si, en ne perturbant aucunement un système, on peut prédire avec certitude (c'est-à-dire avec une probabilité égale à l'unité) la valeur d'une quantité physique, c'est qu'il existe un élément de réalité physique correspondant à cette quantité physique.

Ce qu'Einstein énonce ici n'est rien d'autre qu'un critère de réalité très général. Il précise en somme ce qu'il entend par le concept d'objet réel. Sa définition semble compliquée, mais elle a le mérite d'être opératoire. Elle est en outre conforme au bon sens : si je peux prédire le résultat de la mesure que je ferai d'une propriété physique donnée et si ma prédiction est juste à tous coups, j'ai tout lieu de penser que la valeur trouvée pour cette propriété n'est ni une hallucination, ni une chimère, ni une illusion : un élément de réalité doit nécessairement lui correspondre. Le formalisme, lui, doit être capable d'intégrer cet élément de réalité, que ce dernier fasse ou non l'objet d'une mesure. C'est à cette seule condition qu'une théorie physique peut, selon Einstein, être présentée comme complète.

Pour illustrer les implications de ce critère de réalité, prenons un exemple simple. Supposons que nous disposions de deux cartes, l'une bleue, l'autre verte, et que nous les placions chacune dans une enveloppe scellée. Mélangeons les enveloppes, puis donnons-en une à Paul et l'autre à Jules. Quand Paul ouvre son enveloppe, il découvre la couleur de sa carte : la probabilité qu'elle soit bleue était égale à un demi ; idem pour la probabilité qu'elle soit verte. Le résultat est évidemment « anti-corrélé » avec celui qu'obtiendra Jules : si la carte de Paul est bleue, celle de Jules sera verte, et réciproquement. Nul paradoxe n'apparaît ici : les couleurs de la carte de Paul et de celle de Jules ont été « tirées au sort » au moment du mélange des enveloppes, et ce n'est certainement pas le fait que Paul prenne connaissance de la couleur de sa carte qui détermine la couleur de la carte de Jules. C'est ce type d'arguments que l'hypothèse (c) d'Einstein condense : il y a un élément de réalité physique associé à la couleur de la carte de Jules puisque, sans la perturber en quoi que ce soit, c'est-à-dire sans ouvrir l'enveloppe de Jules, on est capable de déterminer la couleur de sa carte. Il suffit pour cela de demander à Paul son propre résultat.

Le paradoxe EPR [1]

Ce qu'Einstein démontre ensuite, c'est que l'application de ce critère de réalité physique à la théorie quantique conduit à un paradoxe, le fameux « paradoxe EPR ». Plus précisément, il établit que l'ensemble des hypothèses (a), (b) et (c), lorsqu'on les applique à une certaine expérience de pensée que nous ne décrirons pas ici, conduit à attribuer aux sous-systèmes – par exemple, les éléments d'une paire de particules, pour reprendre le cas traité plus haut – des propriétés dont le formalisme quantique ne rend pas compte. Ce dernier est donc pris en flagrant délit d'incomplétude. Et Einstein de conclure qu'il doit exister un niveau de description plus fin de la réalité que celui proposé par la physique quantique, niveau qui reste à découvrir.

Quelques semaines plus tard, dans sa réponse (à la vérité très obscure) à l'article EPR, Niels Bohr s'oppose à cette conclusion d'Einstein au motif qu'on doit se garder de tout raisonnement sur la

1. Voir note 1, p. 99.

réalité même des choses [1]. Il explique en particulier que l'hypothèse (b) n'est pas totalement acceptable et que le critère de réalité d'Einstein ne peut être retenu : puisqu'il est impossible d'obtenir une séparation bien nette entre le comportement des particules et leur interaction avec les appareils qui définissent leurs conditions d'existence, on doit considérer que la vitesse d'une particule, par exemple, n'est pas une propriété de la particule elle-même, mais une propriété partagée entre la particule et l'instrument de mesure. La seule chose qu'une théorie puisse prétendre décrire, ce ne sont donc que des phénomènes incluant dans leur définition le contexte expérimental qui rend ces phénomènes manifestes et non une réalité prétendument objective. Or cela, la physique quantique le fait parfaitement, au sens où elle épuise les possibilités de prédiction dans toutes les situations expérimentales permettant l'apparition d'un phénomène. Elle est donc prédictivement complète, et c'est le mieux que l'on puisse exiger d'une théorie physique [2].

Cette controverse fameuse entre Bohr et Einstein avait une envergure philosophique puisqu'elle touchait à la conception que l'on doit se faire du

1. Niels Bohr, *Physical Review* 48, 696, 1935.

2. On aura compris que Niels Bohr était tout sauf un « réaliste ». Il considérait d'ailleurs que la notion de complémentarité, qu'il défendait, était incompatible avec le réalisme.

monde physique, à l'idée que s'en fait l'homme, au rôle des théories qui tentent de la décrire. Mais elle était aussi du ressort de la physique, du moins dans les termes où la formulait Einstein. Celui-ci tenait en effet que le caractère à ses yeux incomplet de la physique quantique impliquait l'apparition dans l'avenir d'une théorie « meilleure », c'est-à-dire complète au sens qu'il donnait à ce mot. Or c'est là une question que l'expérience a pu trancher, dans un sens défavorable aux espoirs des inventeurs du paradoxe EPR.

L'affaire a été élucidée en deux temps : d'abord par une découverte théorique de grande portée faite en 1964 par le physicien John Bell, ensuite par plusieurs confirmations expérimentales. Racontons brièvement comment les choses se sont passées.

Le théorème de Bell

Nous avons dit que les trois hypothèses d'Einstein, mises ensemble, débouchaient sur l'incomplétude de la physique quantique. Cela signifie que, si elles sont exactes, le formalisme quantique doit être soit remplacé, soit complété. John Bell, physicien « réaliste » comme Einstein, était *a priori* porté à partager son point de vue selon lequel les événements surviennent d'eux-mêmes, indépendamment du contexte expérimental de leur manifestation. Mais il remarqua cependant quelque chose de fort curieux : toutes les théories bâties dans le but de compléter la physique quantique grâce à l'introduction de paramètres supplémentaires, notamment celles de Louis de Broglie et de David Bohm*, ne parvenaient à satisfaire aux hypothèses (a) et (c) qu'en violant l'hypothèse de localité (b). Autrement dit, ces théories étaient « non locales ». S'agissait-il d'une imperfection de ces théories particulières ou était-ce une propriété générale de toutes les théories à variables cachées susceptibles d'être construites ? C'est précisément ce que John Bell voulut savoir. À sa grande surprise, et même à son corps défendant, il put démontrer de façon formelle que n'importe quelle théorie prétendant décrire la réalité et satisfaisant aux hypothèses (a) et (c) violait nécessairement l'hypothèse (b) ou une hypothèse de portée très similaire [1].

Ce n'est pas tout. Grâce à ce théorème, Bell put en outre prouver que toute théorie réaliste satisfaisant aux trois hypothèses d'Einstein entraînait des « restrictions » portant sur les résultats prévus pour certaines mesures. Ces restrictions, qui peuvent être écrites sous forme d'inégalités, s'appellent justement les « inégalités de Bell ». Comme la physique

1. John Bell, « On the Einstein Podolsky Rosen Paradox », *Physics*, 1, 195, 1964.

quantique n'est pas une théorie réaliste au sens d'Einstein, il doit être possible d'imaginer des situations particulières dans lesquelles ses prédictions entrent en conflit avec les inégalités de Bell (qui ne contraignent que les prédictions des théories satisfaisant aux trois critères EPR).

Par exemple, la physique quantique prédit que les corrélations entre des photons émis en cascade par le même atome sont plus fortes que ce qu'indiquent les théories locales à variables cachées. La controverse entre Bohr et Einstein, à l'origine purement théorique, et même philosophique, allait pouvoir être tranchée en laboratoire : une vérification expérimentale devenait possible, qui devait soit mettre en défaut la physique quantique et sa description d'une réalité presque fantomatique, soit exclure l'existence, derrière elle, d'une théorie qui rendrait compte d'une réalité localement définie.

Le verdict sans appel de l'expérience

Au début des années 1970, une première série d'expériences avec des photons corrélés donna des résultats contradictoires, ce qui n'était guère étonnant compte tenu de l'extrême faiblesse des signaux accessibles à l'époque. En 1976, au Texas, l'expérience d'Edward Fry, qui utilisait un laser pour exciter les atomes, donna un résultat plus net en faveur de la physique quantique. Mais c'est seulement au début des années 1980 qu'une équipe de l'Institut d'optique d'Orsay, dirigée par Alain Aspect, mena à bien une série d'expériences montrant de façon irréfutable tant la violation des inégalités de Bell que la confirmation des prédictions quantiques. Qu'est-ce à dire ? Que dans certaines situations très particulières deux photons qui ont interagi dans le passé ont des propriétés que leur distance mutuelle, aussi grande soit-elle, ne suffit pas à séparer. Ils constituent un tout inséparable même lorsqu'ils sont très éloignés l'un de l'autre : ce qui arrive à l'un des deux, où qu'il soit dans l'univers, est irrémédiablement intriqué avec ce qui arrive à l'autre photon dans un autre lieu de l'univers, comme si un lien quantique, immatériel et instantané, les tenait ensemble. On parle dans ce cas de « corrélation forte ». Le comportement global que les deux photons manifestent alors met à mal l'explication selon laquelle les particules possèdent en propre, à l'avance, la propriété qu'on a décidé de mesurer (mais attention, ces résultats ne sont pas applicables à toutes les paires de photons : ils ne sont valables qui si les photons produits sont fortement corrélés).

Que conclure de tout cela ? Qu'il faut définitivement renoncer à interpréter la physique quantique dans le sens des idées d'Einstein : les prémisses

« localité einsteinienne » et « critère einsteinien de réalité » ne peuvent donc être toutes les deux vraies. En particulier, il n'existe aucun espoir de pouvoir compléter la physique quantique en construisant une théorie locale à variables cachées.

Même si elle n'est pas très bien nommée, la « non-séparabilité [1] » est sans aucun doute la caractéristique la plus profonde et la plus originale de la physique quantique. Aujourd'hui parfaitement établie sur le plan expérimental, elle doit être considérée comme une propriété fondamentale de la nature. Mais son statut épistémologique, objet d'incessantes discussions, demeure obscur. Une chose

1. Bien que consacré par l'usage, le terme de « non-séparabilité » n'est pas idéal, pour deux raisons judicieusement relevées par Jean-Marc Lévy-Leblond. D'abord, ce terme est construit sur le mode négatif alors qu'il conviendrait de rendre positivement compte de cette propriété du réel quantique. Ensuite, il est trompeusement concret puisque la séparation, dans la langue courante, concerne l'espace ordinaire, alors qu'il s'agit ici, dans le domaine quantique, de l'espace abstrait des états : la non-séparabilité quantique n'y exprime en réalité rien d'autre que le fait qu'un produit tensoriel d'espaces vectoriels déborde largement l'ensemble des vecteurs produits tensoriels qui l'engendrent (un vecteur quelconque se présente comme une somme de produits tensoriels, autrement dit comme une superposition d'états corrélés). Jean-Marc Lévy-Leblond a donc récemment proposé de remplacer le mot « non-séparabilité » par celui d'« implexité ». Affaire à suivre (en attendant, voir Jean-Marc Lévy-Leblond, « Mots et maux de la physique quantique », dans *Revue internationale de philosophie. La Mécanique quantique*, n° 2, juin 2000, p. 243-265).

toutefois est certaine : cette non-séparabilité, qui choquait tant Einstein, ne viole nullement le principe de causalité. Cela signifie qu'on ne peut se servir des corrélations de type EPR pour transmettre de l'information instantanément entre deux points séparés dans l'espace.

Mais, avant de revenir sur ces discussions, il nous reste à évoquer certaines applications, plus ou moins futuristes, du principe de superposition et d'intrication quantiques.

8

D'ÉTONNANTES MACHINES *INTRIQUANTES*

Nous sommes la triste opacité de nos spectres futurs.

MALLARMÉ

Les dernières décennies ont vu une extension à la fois étonnante et bouillonnante de nos capacités à manipuler et à exploiter les phénomènes quantiques. Des physiciens sont même parvenus à utiliser l'intrication pour accomplir des tâches utiles qu'aucun des pères fondateurs de la physique quantique n'aurait pu imaginer.

Cryptographie quantique

Commençons par évoquer le domaine de la cryptographie, qui consiste à émettre des messages déchiffrables uniquement par l'émetteur et par le destinataire (du grec *kruptos*, qui veut dire « caché »). Imaginons que deux individus, disons Paul et Jules [1], partagent un ensemble de paires de particules intriquées issues d'une source de type EPR. Rappelons brièvement ce que cela signifie : aucune des deux particules ne peut se voir attribuer un état individuel bien défini (seule la paire qu'elles forment en a un), mais toute mesure effectuée sur l'une précise sur le champ l'état de cette particule *en même temps* que celui de l'autre particule (par exemple, si la mesure faite sur la première particule donne +1, l'autre particule est aussitôt mise dans l'état correspondant à la valeur -1, et réciproquement). Paul et Jules peuvent donc, en effectuant des mesures sur chacune de leurs particules, obtenir deux suites parfaitement *aléatoires* de variables, qui pourront s'écrire comme des suites de -1 et de 1. Les particules étant intriquées, ces deux suites sont parfaitement corrélées l'une à l'autre (comme nous venons de le dire, si Jules a obtenu -1 à l'issue d'une mesure, il sait de façon certaine que Paul obtiendrait +1 s'il faisait la même mesure sur sa particule, et réciproquement). Ces deux suites peuvent donc

1. En général, les spécialistes du traitement quantique de l'information appellent Alice et Bob les deux personnes qui s'échangent des messages. Mais l'auteur de ce livre, dont les enfants s'appellent Paul et Jules, ne se sent guère obligé de les suivre puisqu'il n'est nullement un spécialiste de la théorie de l'information…

être ramenées à une seule suite, identique pour Paul et pour Jules, qui pourra être récrite comme une succession de 0 et de 1 (en faisant correspondre la valeur de mesure -1 à 0). Ils obtiendront ainsi une « clé cryptographique » idéale pour coder des messages secrets. Jules, par exemple, pourra l'utiliser pour coder un message digitalisé sous forme d'une succession de 0 et de 1. Il l'enverra ensuite à Paul, qui utilisera pour le décoder la clé que Jules et lui sont les seuls à connaître. Le point crucial est que, dans ce cas, les lois de la physique quantique assurent qu'aucun espion, aussi habile ou génial soit-il, ne pourra intercepter la clé quantique au moment où Paul et Jules échangent leurs particules intriquées, du moins sans que l'un et l'autre s'en aperçoivent. La faisabilité d'une telle « cryptographie quantique », intrinsèquement sûre, a été récemment démontrée grâce à l'utilisation de photons intriqués transmis par fibres optiques [1].

Fax quantique et téléportation

L'intrication a également ceci de spectaculaire qu'elle permet de « téléporter » une information

1. Pour en savoir plus, voir le livre *Physics of Entangled States*, édité par Robert Arvieu et Stefan Weigert, Frontier Group, 2002.

quantique, c'est-à-dire de la transporter à distance. Comment cela ? Grâce à une sorte de « fax quantique ». Supposons à nouveau que Paul et Jules disposent de paires de photons intriqués et donnons à Paul un photon supplémentaire dans un état quantique bien défini. Comment Paul peut-il transmettre à Jules l'information associée à ce photon ? Très simplement (enfin, si l'on veut [1]).

Précisons d'abord que Paul ne peut pas déterminer l'état du photon qu'il souhaite faire connaître à Jules puisque toute mesure pratiquée sur ce photon détruirait une partie de l'information qu'il porte (par le biais d'une réduction du paquet d'ondes). Dès lors, Paul n'a plus qu'une solution : coupler ce photon avec le photon appartenant à la paire intriquée qui est également en sa possession, puis effectuer une mesure locale sur l'ensemble ainsi formé. Cette opération a une répercussion instantanée sur l'autre photon de la paire intriquée détenu par Jules : ce photon se retrouve aussitôt mis dans un état qui dépend du résultat aléatoire obtenu à l'issue de la mesure faite par Paul. Il suffit ensuite que Paul communique à Jules par téléphone le résultat qu'il a obtenu pour que Jules puisse, en effectuant une

1. La solution de ce problème en réalité très difficile a été trouvée en 1993 par Charles Bennett, Gilles Brassard, Claude Crépeau, Richard Josza, Asher Peres et Bill Wootters (*Physical Review Letters*, 70, 1895 [1993]).

opération élémentaire sur son photon, le mettre dans l'état exact qu'avait le photon supplémentaire de Paul. Il y a donc eu *téléportation* de l'information portée par ce photon, de façon absolument conforme. Mais de l'information seulement. En effet, dans cette opération, aucun objet proprement dit n'a été transporté dans l'espace. Simplement, les propriétés physiques d'une particule ont été communiquées à distance à une autre particule identique, d'où le terme de « fax quantique [1] ». Plusieurs versions de cette expérience ont déjà été réalisées par différentes équipes.

Un jour, l'ordinateur quantique ?

D'autres perspectives vertigineuses s'ouvrent dans le domaine du calcul informatique, même si rien ne permet aujourd'hui d'affirmer qu'elles aboutiront un jour à des réalisations concrètes. De quoi s'agit-il ? Dans nos ordinateurs actuels, les cases mémoire sont constituées de « bits » classiques qui ne peuvent prendre que deux valeurs exclusives

1. Mais, contrairement à ce qui se passe avec un fax classique, la téléportation quantique détruit l'original de l'information qu'elle transporte dans l'espace. En effet, dans l'opération que nous avons résumée, le photon manipulé par Paul a perdu l'information complète de son état quantique initial, qui est devenu l'état final du photon de Jules.

l'une de l'autre, soit 0, soit 1. Ces bits classiques sont donc comme les interrupteurs muraux nous servant à allumer nos plafonniers : ils sont soit en position « allumé » (1), soit en position « éteint » (0). Leur effet mémoire vient de ce que, une fois mis dans l'une ou l'autre configuration possible, ils la conservent jusqu'à ce que leur contenu soit modifié pour les besoins des calculs à effectuer. En pratique, ces bits classiques sont constitués de systèmes physiques possédant deux états stables. Il peut s'agir d'un circuit électrique dans lequel un courant circule dans un sens ou dans l'autre, ou bien d'une zone sur une couche magnétique qui est aimantée selon une direction ou la direction opposée.

Mais que se passerait-il si l'information était portée par des objets « quantiques », auxquels on peut donc appliquer le principe de superposition ? Elle pourrait, de ce seul fait, être manipulée sous forme d'états superposés. On disposerait ainsi de « bits quantiques* ». Qu'auraient-ils de fondamentalement différent ? D'abord, au lieu de prendre seulement les valeurs 0 ou 1, ils pourraient être mis dans n'importe quelle superposition de ces valeurs, c'est-à-dire dans une infinité de positions. Ensuite, contrairement à celle contenue dans un bit classique, l'information d'un bit quantique n'est pas bien déterminée : la seule chose que l'on puisse connaître, c'est la probabilité de le trouver à l'issue d'une mesure soit dans l'état 0, soit dans l'état 1. Il y a une décennie, dans la continuité des études lancées dès le début des années 1980 par le Prix Nobel américain Richard Feynman, des chercheurs ont démontré qu'un ordinateur fonctionnant avec de tels bits quantiques (en bref, un « ordinateur quantique ») serait en théorie capable de calculer de façon « massivement parallèle » : il effectuerait *en même temps* toutes les opérations correspondant à toutes les valeurs que peuvent prendre les bits quantiques. Grâce à de nouveaux algorithmes de calcul (notamment ceux proposés par Peter Shor en 1994), de telles machines auraient ainsi une efficacité nettement supérieure à celle des machines actuelles pour certains types d'opérations, comme la factorisation des très grands nombres [1].

Certes, aucun processeur quantique véritable n'a encore vu le jour, mais plusieurs équipes ont déjà démontré la validité des concepts du calcul quantique grâce à des expériences utilisant pour bits quantiques des objets microscopiques tels que des ions piégés dans des cavités ou des spins nucléaires dans des molécules en solution. Malheureusement, ces systèmes, qui sont loin d'avoir la souplesse des puces électroniques, ne sont ni intégrables ni

1. Les algorithmes quantiques reposent tous sur la préparation, l'évolution contrôlée et enfin la mesure d'états intriqués. L'intrication y est en quelque sorte « distillée » jusqu'au point où une mesure fournit une réponse au problème posé.

interconnectables à grande échelle. Mais, récemment, une équipe de chercheurs du CEA [1] est parvenue à réaliser un petit circuit supraconducteur, baptisé *quantronium,* qui se comporte comme un bit quantique à la fois très performant (on peut le manipuler et le lire) et exploitable dans un circuit électronique [2]. Il pourrait s'agir là d'une ébauche de la brique de base d'un futur processeur quantique [3]...

L'utilisation d'états superposés ou intriqués dans le domaine du calcul scientifique n'en est qu'à ses débuts. En quelques années, elle est devenue un domaine de recherche très actif, à la frontière de la physique et de l'informatique. Toutefois, le succès de ces études dépendra de la capacité des chercheurs à relever un défi de taille : ils devront trouver des ruses pour préserver, dans des systèmes de plus en plus gros, les lois quantiques, alors même que celles-ci ont tendance à être très rapidement brouillées,

1. Il s'agit de M. Dévoret, D. Estève, D. Vion, A. Aassime, A. Cottet, C. Urbina, H. Pothier et P. Joyez (voir « Manipulating the Quantum State of an Electrical Circuit », *Science,* 3 mai 2002).

2. Le *quantronium* est constitué d'une boucle de métal supraconducteur (aluminium) interrompue par des jonctions tunnel (ou jonctions Josephson).

3. Voir l'article de Daniel Estève et Michel Dévoret, « Vers des machines quantiques », dans *Un siècle de quanta*, *op. cit.*, 135-146.

lorsque la taille des systèmes augmente, par ce qu'on appelle la « décohérence ». Nous reviendrons sur ce phénomène dans le dernier chapitre.

9

QUAND LE RÉEL SEMBLE SE DÉROBER

Celui qui prend du recul voit clair.
Celui qui est trop près ne voit que du brouillard.

LAO-TSEU

Je suis un gréviste du réel.

Henri MICHAUX

Musique de chambre à bulles*

Voyez ces traces curvilignes et arborescentes que laissaient les particules dans les chambres à bulles. Ces détecteurs de particules, aujourd'hui délaissés, reposaient en partie sur le principe de la Cocotte-Minute : en maintenant sous pression un liquide qu'on chauffe, on l'empêche de bouillir. Si on relâche brusquement la pression, le liquide ne se met pas aussitôt à bouillir : il demeure provisoirement dans un état métastable dans lequel la moindre perturbation suffit à déclencher localement l'ébullition. Ainsi, lorsqu'une particule électriquement chargée traverse un tel liquide, elle laisse une traînée de bulles qu'on identifie à sa trajectoire.

Quand le réel est suivi à la trace

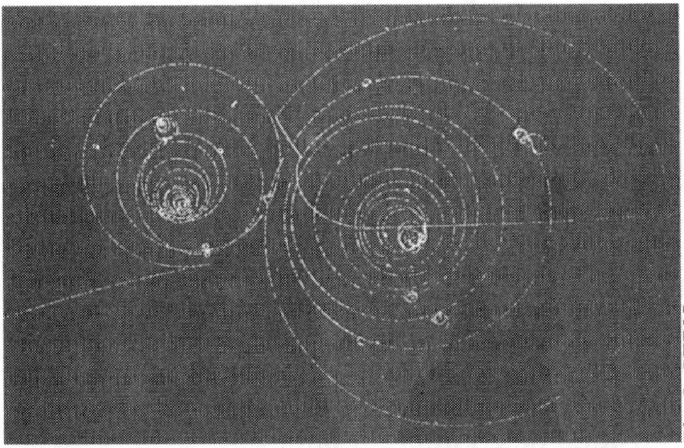

Ph. © CERN.

Observant les traces curvilignes que laissent les particules au sein d'une chambre à bulles, nous n'hésitons pas à conclure que les particules sont des corpuscules, c'est-à-dire des objets bien concrets, précisément localisés dans l'espace et se déplaçant selon une trajectoire bien définie. N'est-ce pas aller un peu vite en besogne ?

Quand on ne veut pas entrer dans le détail, on explique que le mécanisme produisant ces traces est analogue à celui par lequel un avion à réaction dessine sa trajectoire dans le bleu du ciel : l'avion provoque au sein du milieu qu'il traverse des modifications locales visibles à l'œil nu. De cette éloquente métaphore on déduit que les particules sont, tels les avions, des objets concrets, précisément localisés et se déplaçant selon une trajectoire bien définie. Bref, on se convainc facilement qu'elles sont analogues en tout point aux corpuscules de la physique classique.

Mais cette conclusion est erronée. D'abord, rien ne prouve qu'avant leur arrivée dans la chambre à bulles les particules incidentes possèdent une trajectoire. De fait, la physique quantique représente chacune d'elles comme une onde qui se propage, de sorte qu'au départ ces particules n'ont pas de trajectoire proprement dite. De plus, il s'avère que c'est grâce à cette représentation ondulatoire des particules – et seulement grâce à elle – que l'on peut montrer que les bulles qu'elles font apparaître ont une probabilité très forte de s'établir selon une ligne [1] (courbée par le

1. On trouvera notamment le calcul dans le livre de Werner Heisenberg, *Théorie des quanta*, Gauthier-Villars, 1972. Le principe en est le suivant : on calcule, en utilisant les principes de la physique quantique, la probabilité que, du fait de leur interaction avec l'onde incidente, deux molécules contenues dans la chambre à bulles soient excitées (c'est là le phénomène qui engendre l'apparition des bulles). Il s'avère que cette probabilité est extrêmement faible dans tous les cas, à l'exception de ceux où les deux molécules sont alignées parallèlement à la direction du faisceau de particules incidentes (on néglige dans un premier temps les effets du champ magnétique). Il est ensuite facile de généraliser : les molécules qui seront excitées

champ magnétique présent dans la chambre). Paradoxalement, c'est donc le concept d'onde – et non celui de corpuscule – qu'il est nécessaire d'invoquer pour expliquer l'apparition d'une trace bien nette. L'idée de corpuscule ne permet par conséquent pas, à elle seule, de rendre compte des phénomènes d'apparence corpusculaire.

À travers cette anecdote, on voit combien il faut se méfier de l'éloquence de certains petits faits : ils semblent parler d'eux-mêmes mais ne reflètent en réalité rien d'autre que nos propres grilles de lecture ; et nous croyons qu'ils prouvent avec une aveuglante clarté ce que, au bout du compte, ils ne prouvent pas. Par conséquent, se forger une idée juste des choses requiert de n'accepter qu'avec prudence l'interprétation spontanée que suggèrent les images. Sans cesse il faut garder en tête cet exemple des particules dans une chambre à bulles : une trace ressemblant à s'y méprendre à une trajectoire classique fait accroire à tort qu'elle est nécessairement produite par des entités relevant elles-mêmes de la physique classique.

---

par une même onde sont toutes alignées selon cette direction, créant ainsi la figure d'une trace rectiligne.

La fin des images

En réalité, les objets quantiques ont des comportements étranges qu'aucune chose habituelle n'est capable de reproduire. Pour les comprendre, il convient donc de rompre préalablement, de façon franche, avec nos conceptions « habituelles ». De renoncer aussi à toute représentation visuelle des objets physiques. *Exit* donc le réquisit de la « picturabilité » comme préalable à la compréhension. Car il est impossible de dessiner un atome : d'abord, son noyau vibrionnant ne ressemble en rien à l'espèce de framboise statique et bicolore qui sert souvent à le représenter dans les manuels scolaires (avec les protons peints en rouge et les neutrons en bleu) ; ensuite, ces électrons n'ont pas les trajectoires que les dessins leur accordent trop fréquemment ; ils ne ressemblent pas non plus aux vagues nuages diffus par lesquels certains autres manuels, en apparence plus scrupuleux, tentent au contraire de faire sentir qu'ils n'ont pas vraiment de trajectoire. Car les électrons ne sont pas des ectoplasmes délocalisés ! Si l'on cherche à déterminer leur position en utilisant une lumière de très courte longueur d'onde, on les trouvera en un point ou en un autre, parfaitement localisé, mais différent d'une mesure à l'autre effectuée sur des atomes identiques. Les nuages électroniques ne représentent donc nullement les électrons, ni leur forme ni le prétendu « flou » de leur trajectoire : ils ne font que décrire les régions de l'espace dans lesquelles la probabilité de les détecter est statistiquement importante.

Mais alors, que veut dire comprendre quand il n'y a plus d'images justes ? La disparition des poissons pilotes de l'intelligibilité que sont les images, les illustrations ou les schémas, engendre une frustration sceptique chez ceux qui ont besoin de voir pour croire. Mais c'est au contraire de la fascination qu'elle fait naître chez ceux qui s'émerveillent de voir l'intelligence capable de démentir puis de dépasser ce que les images indiquent ou traduisent. Car perdre l'image n'est pas tout perdre. C'est même en acceptant d'être à la fois abstraite et foncièrement iconoclaste que la physique quantique a pu bâtir son extraordinaire efficacité. On ne reviendra sans doute jamais assez sur un point : quand il s'agit de construire les concepts aptes à rendre compte de la réalité physique, l'intelligence vaut mieux que le bon sens. Car la pensée, même privée de guide naturel et de catégories *a priori,* demeure capable d'invention et parvient à éviter les pièges tendus par l'immédiateté des choses en élaborant des stratégies de détour. Le sens commun, lui, ne cesse pas de nous faire dire que la Terre est plate.

Reste que l'éloignement du formalisme hors du visuel et de l'intuitif en rend l'appropriation particulièrement délicate et risquée. Pareille situation est relativement nouvelle. Tout au long du XIXe siècle, les physiciens ont pu travailler sans trop s'interroger sur le sens de leurs découvertes. Ils observaient ce qu'ils croyaient être la « grande machine universelle » et se proposaient d'en relever les plans d'une façon qui fût la plus précise possible. Certes, les phénomènes qu'ils mettaient en évidence ne correspondaient pas toujours aux apparences sensibles (nous n'avons pas un sens inné du magnétisme ou de la polarisation de la lumière*), mais ils semblaient se prêter à une représentation intellectuelle à la fois complète et cohérente. Et même des notions aussi mathématisées que la vitesse, l'accélération ou la température, qui n'avaient pu être théorisées que grâce aux efforts héroïques de Galilée, de Newton et de quelques autres, pouvaient être ensuite réinvesties par le sens commun avec toutes les apparences du naturel [1]. C'est précisément ce confort-là que la physique quantique a brisé : avec elle, les relations de la réalité et du savoir ont perdu leurs couleurs de fausse évidence.

Mais le dévoilement qu'a permis le recours quasi exclusif à l'abstraction est aussi un obscurcissement. Se pose en effet la question du rapport entre la

1. De fait, l'histoire de la physique montre que sa mathématisation a toujours opéré par l'intervention de grandeurs abstraites qui paraissent initialement étrangères à la nature même des phénomènes.

Page manuscrite du physicien italien Enrico Fermi

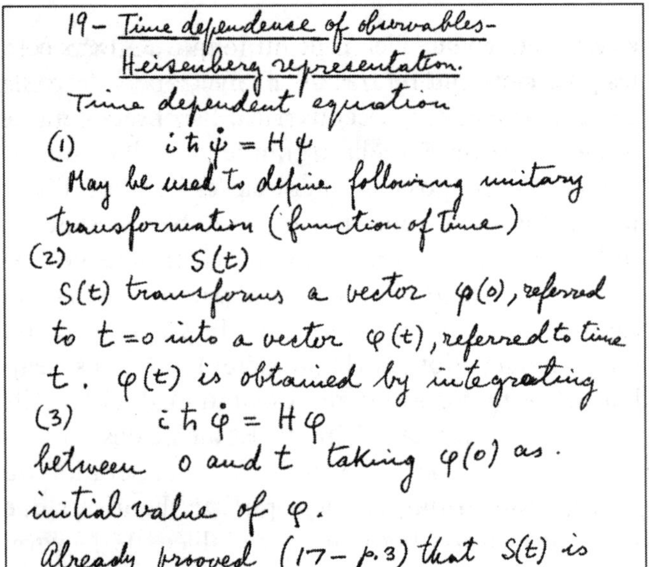

19 – Time dependence of observables – Heisenberg representation.

Time dependent equation

(1) $i\hbar\dot{\psi} = H\psi$

May be used to define following unitary transformation (function of time)

(2) $S(t)$

$S(t)$ transforms a vector $\varphi(0)$, referred to $t=0$ into a vector $\varphi(t)$, referred to time t. $\varphi(t)$ is obtained by integrating

(3) $i\hbar\dot{\varphi} = H\varphi$

between 0 and t taking $\varphi(0)$ as initial value of φ.

Already prooved (17 – p. 3) that $S(t)$ is unitary.

(4) $$\begin{cases} \varphi(t) = S(t)\,\varphi(0) \\ \varphi(0) = S(t)^{-1}\,\varphi(t) = \widetilde{S(t)}\,\varphi(t) \end{cases}$$

In particular for wave function

(5) $$\begin{cases} \psi(t) = S(t)\,\psi(0) \\ \psi(0) = \widetilde{S(t)}\,\psi(t) \end{cases}$$

When H is time independent, explicit expression of $S(t)$

Ph. © *Notes on Quantum Mechanics with Problems*, Robert A. Schluter éd., 2e édition, University of Chicago Press, 1961

Le dévoilement que permet la mathématisation de la physique est aussi un questionnement.
Quel rapport y a-t-il entre la chose même et la peinture que les équations en font ?

« chose elle-même » et la peinture que l'équation en fait. La notion de particule s'effaçant devant celle de vecteur d'état, quel lien faut-il concevoir entre le monde et sa représentation ?

Une théorie scientifique doit-elle seulement prédire les résultats des expériences que nous pouvons faire sur le monde ou doit-elle aussi expliquer ce dernier ? Peut-elle prétendre atteindre jusqu'à la racine des choses ou est-elle condamnée à n'en saisir qu'un aspect limité ? La question de l'accessibilité du réel se trouve posée sur de nouvelles bases.

« Voir » un atome

Avant de tenter de répondre à ces questions, revenons un instant aux images dont nous disions tout à l'heure qu'aucune n'est capable de représenter un objet quantique. Est-ce à dire qu'on ne peut jamais voir un atome ou une particule ? Non… enfin… c'est-à-dire… Tout dépend de ce que l'on entend (si j'ose dire) par « voir »… Grâce à de très récents progrès technologiques, les physiciens sont en tout cas devenus capables de « voir » des atomes comme on voit un objet macroscopique, en détectant la lumière qu'ils diffusent.

Que font nos yeux lorsqu'ils regardent un objet ? Ils se contentent de récolter les photons émis par une source de lumière (le Soleil le plus souvent) et réfléchis sur les différentes faces de cet objet. L'information transportée par ces photons est ensuite traitée par notre cerveau, qui reconstitue une image de l'objet. Pour voir un atome, les physiciens procèdent de la même façon, sauf qu'ils utilisent la lumière d'un laser plutôt que celle du Soleil ou d'une lampe. Excité par le faisceau laser, l'atome diffuse des photons dans différentes directions. Ces photons sont focalisés à l'aide d'instruments optiques appropriés puis sont détectés par des photodétecteurs très sensibles. L'atome apparaît alors comme une petite tache lumineuse dont le diamètre, déterminé par la longueur d'onde de la lumière utilisée, est de l'ordre du micromètre (10^{-6} mètre), c'est-à-dire dix mille fois plus grand que la taille de l'atome (10^{-10} mètre). L'observation ne donne donc aucune information sur la structure même de l'atome (on ne devine même pas la présence du noyau), mais seulement sur sa position moyenne. Cela est toutefois suffisant – du moins dans certaines conditions – pour distinguer les atomes les uns des autres. On peut ainsi isoler et piéger dans le vide un, deux ou plusieurs atomes en les soumettant à des forces produites par de subtiles configurations de champs électromagnétiques. Dans de tels pièges, les distances qui séparent les atomes étant de l'ordre de quelques microns, on peut, en détectant la lumière qu'ils diffusent, les observer individuellement et donc les compter, et même suivre leurs mouvements.

Dans un solide, les atomes sont séparés par des distances de quelques dixièmes de nanomètre (10^{-10} mètre), donc trop petites pour être résolues optiquement. Mais on peut là encore les observer, à la condition toutefois d'utiliser un microscope électronique, c'est-à-dire de remplacer la lumière laser par un faisceau d'électrons dont la longueur d'onde associée est beaucoup plus courte.

Le monde atomique partage donc au moins une caractéristique avec le monde macroscopique, celle de permettre une « vision » des objets par le biais des interactions que nous avons avec eux. Mais il ne faudrait pas en déduire que ces deux mondes obéissent pour autant aux mêmes lois. Par exemple, lorsqu'on envoie des boules de pétanque à travers une plaque percée de deux fentes, cela ne donne lieu à aucun phénomène d'interférences. Avec des atomes, si.

C'est là toute la différence, et nul ne contestera qu'elle est – précisément – « de taille » !

10

Une affaire d'interprétation(s)

Petits princes, videz vos débats entre vous.

La Fontaine

La physique quantique ne se fonde pas uniquement sur un formalisme, avons-nous dit. Elle requiert *également* ce qu'on appelle une interprétation physique. Dès 1927, ses pères fondateurs ont dû préciser les règles selon lesquelles il convient de l'utiliser et ils ont été amenés, de fil en aiguille pour ainsi dire, à débattre du type de discours concernant la réalité physique qu'elle autorise ou interdit. Car cette nouvelle physique avait quelque chose de particulier à leurs yeux : du fait qu'elle remettait en question le couple « sujet-objet », elle était littéralement « sans précédent » (comme tous l'écrivirent, chacun à sa manière [1]). En effet, jamais une autre

1. Gaston Bachelard disait de la physique quantique qu'elle était une « science sans aïeux ».

science n'avait à ce point exigé une autre discipline spécifique, l'interprétation, pour pouvoir être comprise et appliquée.

De par sa structure même, la physique quantique interroge la relation entre le monde et sa représentation.

Du nouveau sous le soleil

Dans les théories physiques antérieures (essentiellement la physique classique), on n'avait guère besoin d'une interprétation très sophistiquée. La forme mathématique des grandeurs physiques était en général directement imbriquée dans les relations qui donnaient le contenu physique de la théorie. Les mathématiques contribuaient plutôt à éclairer notre vision des choses en précisant des images que nous avions au préalable à l'esprit. Par exemple, le concept de coordonnées (d'un point) venait préciser ce que nous entendions par position (de ce point) dans l'espace. Globalement, l'outil théorique restait en relative correspondance avec l'intuition physique. Ce confort intellectuel était encore augmenté par le fait que la physique classique avait un « engagement ontologique fort » vis-à-vis des propriétés physiques : à tout système elle attachait des propriétés qui appartenaient en propre à ce système.

Cette conception avait germé dès la naissance de la physique moderne, notamment dans l'esprit de Galilée, qui croyait au « réalisme des accidents » : les propriétés contingentes des choses, c'est-à-dire leurs « accidents » comme leurs formes, leurs positions, leurs vitesses (ce qu'on appelle aujourd'hui leurs propriétés dynamiques), sont considérées comme réelles, c'est-à-dire comme indépendantes de notre connaissance et de nos représentations.

Cette conception avait pour corollaire direct ce qu'on appelle la *contrafactualité*, qui s'énonce ainsi : si telle ou telle proposition – portant sur tel ou tel objet – est vraie lorsqu'on pense à elle en association avec un dispositif de mesure permettant de la vérifier, elle doit l'être aussi en l'absence du dispositif ou en la présence d'un autre, dévolu à une autre fonction. Dans ce contexte, l'interprétation du formalisme classique peut se contenter d'une formulation minimaliste et presque directe : elle revient à dire que toute grandeur de la théorie a une contrepartie dans la réalité physique, que cette grandeur soit mesurée ou non.

Avec la physique quantique, les choses devinrent très différentes, d'une part parce qu'aucune forme d'intuition sensible ne se rattache vraiment aux « matrices » et aux « opérateurs » qui prennent la place des variables dynamiques de la physique classique, d'autre part parce que son formalisme, pris au pied de la lettre, est dépourvu de signification :

il exige des règles sémantiques pour être mis en correspondance avec les données empiriques. Ces règles sémantiques sont-elles externes au formalisme lui-même ou peuvent-elles en être extraites ? Difficile de trancher. La question reste en effet posée : l'interprétation doit-elle être une « sous-théorie » à l'intérieur même de la théorie quantique, comme certains physiciens le pensent aujourd'hui, ou doit-elle consister en un commentaire inspiré de thèses philosophiques préalables (telles celles de Pythagore, Platon, Kierkegaard ou Kant), comme le pensaient la plupart des pères fondateurs de la physique quantique ?

Ces débats souvent passionnés, parfois âpres, en général confus, durent depuis plus de soixante-dix ans. Certaines discussions ont même débordé le cadre épistémologique pour s'aventurer dans des zones où la métaphysique devient vraiment fumeuse [1]. Heureusement, quelques expériences cruciales ont récemment clarifié les termes du débat et resserré les choix possibles : la palette des interprétations viables de la physique quantique est

1. Sans parler des scribes du New Age qui se sont emparés de la physique quantique pour bâtir, à grand renfort de sparadrap syncrétique, une sorte de holisme* à la fois hybride et débridé, à base de non-séparabilité quantique, d'incertitude, de matière-énergie, de dualité onde-corpuscule, d'espace-temps, de cybernétique planétaire… Mais je préfère arrêter là l'austère liste.

aujourd'hui plus restreinte qu'au temps des pères fondateurs. Mais aucune d'elles ne s'est réellement imposée. Une certaine liberté de choix subsiste. Une certaine confusion demeure également, qui provient en partie du fait que nous avons constamment tendance à mélanger ce qui revient en propre au formalisme et ce que nous avons envie d'y ajouter pour qu'il corresponde à notre idée du monde. Bien que nous ne sachions pas par avance sur quoi porte le formalisme quantique, nous rechignons à mettre à part l'efficacité qu'il confère à nos actions dans le monde et ce que nous croyons être le tableau qu'il offre de ce monde.

Avant d'entrer dans le vif du sujet, revenons sur quelques notions clés.

Deux sortes d'objectivité

Nous avons vu que, lorsque l'état d'une particule est décrit par un vecteur d'état qui est lui-même la superposition (la somme) de plusieurs termes, les propriétés de cette particule ne sont pas bien définies. Seule une mesure faite sur la particule peut les préciser par le biais d'une réduction du paquet d'ondes. Tant qu'aucune mesure n'est effectuée, les propriétés de la particule ne sont connues que par la probabilité qu'une éventuelle mesure donne telle ou telle valeur.

La conséquence d'un tel énoncé est qu'il devient impossible de considérer que les objets quantiques sont constamment dotés de toutes leurs propriétés mesurables. En particulier, si l'on considère que la physique quantique est une théorie complète, des particules décrites par le même vecteur d'état sont absolument identiques à tous égards, et seule une opération de mesure est capable d'introduire *après coup* (d'une manière aléatoire) des différences entre ces particules.

Ce type d'énoncé découle de l'interprétation « orthodoxe » de la physique quantique telle qu'elle fut avancée en 1927 par Niels Bohr et les membres de l'école de Copenhague (Bohr était danois). Selon cette interprétation, les probabilités que le formalisme permet de calculer sont vraies pour n'importe quel observateur et, de ce point de vue, la physique quantique est parfaitement objective : les résultats des expériences seront rigoureusement les mêmes quelle que soit la personne qui les lit. Est-ce à dire que la physique quantique ne change rien au statut de l'objectivité ? Non, car, comme nous l'avons montré, l'opération de mesure joue un rôle crucial dans l'énoncé des principes mêmes de la théorie, de sorte que la description des appareils de mesure et celle du protocole de mesure interviennent explicitement dans la compréhension des phénomènes. En conséquence (c'est du moins ce qu'expliquent les tenants de l'école de Copenhague), il est impossible d'obtenir une séparation nette entre le comportement des particules quantiques et leur interaction avec les appareils de mesure qui définissent leurs véritables conditions d'existence. Aucun phénomène ne peut donc être interprété comme fournissant des informations sur des propriétés qu'auraient les objets eux-mêmes.

L'opération de mesure se voit ici dotée d'un statut à la fois très spécial et tout à fait inédit puisque l'objet physique perd les attributs de pleine permanence qu'il possédait en physique classique. L'objectivité traditionnelle est donc mise en cause. Quand la physique classique dit que « deux charges électriques de même signe se repoussent », elle tient un discours qui porte sur les choses elles-mêmes, indépendamment de notre rapport à elles. À ses yeux, les objets sont des « choses en soi » au sens où ils existent de façon intrinsèque. Reprenant une suggestion de Bernard d'Espagnat, nous qualifierons de « forte » cette objectivité qui caractérise tous les énoncés de la physique classique. La physique quantique, elle, ne semble pas s'accorder avec une telle vision des choses. Son formalisme faisant directement appel à la notion d'opération de mesure, on ne peut pas en donner une formulation dans laquelle il ne serait nulle part question d'instruments de mesure. À son propos, nous parlerons donc plutôt d'objectivité « faible » (toujours selon Bernard d'Espagnat).

Qu'est-ce qui, au fond, différencie les deux types d'objectivité, la *forte* et la *faible ?* Cela peut se résumer de la façon suivante : dans un monde à objectivité forte, on parle de la probabilité que la particule *soit* à tel endroit ; dans un monde à objectivité faible, on parle de la probabilité d'*observer* la particule à tel ou tel endroit si l'on fait tel ou tel type de mesure. Dans le premier cas, le réel qu'on décrit est le réel en soi, tel qu'il existe indépendamment de toute observation. Dans le second, c'est seulement le réel observé, ou empirique, qui est invoqué.

Le concept d'objectivité faible invite donc à poser la question de savoir s'il existe une autre sorte de réel « sous » ou « derrière » le réel empirique. Faut-il invoquer un monde qui serait, lui, le monde réel et qui se situerait dans un certain « ailleurs » par rapport au monde apparent ? En d'autres termes, devons-nous adopter une attitude platonicienne [1] à l'égard des concepts mathématiques qui fondent l'efficacité de la physique quantique ? Cette question est précisément celle du réalisme physique.

---

1. Si les mathématiques sont efficaces en physique, dira un platonicien, c'est parce qu'elles permettent de viser les structures profondes du monde. Dans cette optique, les mathématiques constituent un langage intermédiaire permettant de passer du monde sensible au « monde des Idées », seul capable de rendre compte de la réalité des choses.

La question du réalisme physique

Le problème du réalisme scientifique a trait à la question de savoir si la partie théorique de la science constitue elle-même la description objective d'une réalité, description généralement considérée comme plus fondamentale et, pour cette raison, plus réelle que la réalité observable ou empirique : la fonction première d'une théorie est-elle simplement de classifier, d'organiser et de prédire, ou bien doit-elle *de surcroît* dévoiler, par le biais de son propre contenu, une véritable ontologie ? Les réalistes sont évidemment partisans de la seconde alternative. Leurs adversaires, qui se rangent sous des bannières très diverses [1], soutiennent au contraire que ce que nous pouvons obtenir de mieux en matière de connaissance objective ne consiste pas en la production de théories « vraies » qui auraient pour tâche de décrire la nature telle qu'elle est réellement, mais seulement en l'élaboration de théories qui constituent des instruments efficaces pour le calcul et la prédiction. Selon eux, notre aspiration devrait donc se limiter, selon la formule consacrée, à « sauver les phénomènes », c'est-à-dire à décrire correctement ce qui est observable. Accepter une théorie

1. Citons, pêle-mêle, quelques-unes de ces bannières : positivisme, pragmatisme, vérificationnisme, instrumentalisme, fictionnalisme, antiréalisme, constructivisme…

scientifique, ajoutent-ils, n'oblige donc nullement à croire qu'elle est vraie et que les entités qu'elle décrit sont réelles. Il suffit en effet, pour qu'une théorie soit acceptable à leurs yeux, qu'elle puisse être considérée comme empiriquement adéquate.

Même s'il continue de représenter une position très répandue dans la communauté scientifique, le réalisme scientifique est aujourd'hui critiqué par de nombreux philosophes des sciences (et aussi par des scientifiques…), qui voient en lui une survivance que l'évolution des sciences a rendue anachronique et intenable. Le point important pour nous est que, dans la liste de leurs arguments, on retrouve presque toujours une évocation des débats concernant l'interprétation de la physique quantique ; selon eux, la philosophie non réaliste de Bohr a fini par prendre le dessus sur le réalisme passionné d'Einstein, de sorte que le seul problème à résoudre serait désormais : quel successeur au réalisme opiniâtre et dépassé du père de la relativité doit-on choisir ?

L'« indéterminisme » quantique

Selon l'interprétation orthodoxe de la physique quantique, les probabilités qu'utilise cette dernière sont intrinsèques, au sens où elles ne sont pas dues à notre ignorance d'éventuels mécanismes sous-jacents. Reprenons l'expérience des deux canaux A et B décrite dans la première partie. Que dit l'école de Copenhague ? Que même un démon qui, par hypothèse, connaîtrait absolument tout de l'état initial de la particule ne saurait dire avec certitude dans quel canal elle sera finalement détectée, ni donner les raisons qui font qu'on la trouve dans l'un plutôt que dans l'autre. L'idée selon laquelle la physique quantique est complète invite donc à une remise en question du déterminisme au sens classique du terme. Cette remise en question n'est pas radicale, car les équations de la physique quantique sont tout ce qu'il y a de plus déterministes : l'évolution temporelle des états d'un système est toujours gouvernée par des équations différentielles qui, étant donné une condition initiale, déterminent sans ambiguïté l'état final. Un indéterminisme n'apparaît que lorsqu'il s'agit d'établir une connexion entre ces équations et les faits expérimentaux.

Le déterminisme quantique demeure donc bel et bien incompatible avec le déterminisme classique (de type laplacien), au sens où ce ne sont pas les mêmes grandeurs qui, dans l'un et l'autre cas, se voient déterminées.

Quelques interprétations traditionnelles de la physique quantique

Il y eut toujours deux tendances principales dans l'interprétation de la physique quantique, sous les égides respectives de Bohr et d'Einstein. Leur opposition peut être réduite à une divergence sur une unique question : la physique quantique est-elle complète ? Le vecteur d'état dit-il tout ce qu'il est possible de savoir à propos d'un système physique ou bien lui manque-t-il quelque chose ? Les autres questions controversées se réduisent toutes à cette question fondamentale de la complétude, et cela n'est guère étonnant : les attributs que l'on est en droit d'accorder au réel ne sont en effet pas les mêmes selon que l'on considère la physique comme complète ou comme incomplète.

Parmi ces controverses, certaines sont d'ordre technique : quelle est la correspondance entre le monde quantique et le monde classique ? Si la matière est intégralement régie par des lois quantiques, comment est-il possible que les effets quantiques soient inobservables à notre échelle ? Pourquoi les objets y apparaissent-ils toujours localisés ? Et comment se fait-il que, pour nous, les ondes ne soient pas des corpuscules et les corpuscules des ondes ? Par ailleurs, comment concilier le probabilisme quantique et le déterminisme classique ? Il arrive que ces questions techniques puissent être « sublimées » en questions plus philosophiques : quel est le rôle de l'observateur dans l'appréhension du réel ? Que peut-on dire de la réalité non observée ? Qu'est-ce qu'une mesure ? Quelle est la part de réel qui nous est accessible ?

Les diverses réponses proposées entre 1930 et 1960 se répartissent schématiquement en un petit nombre de catégories. La première attitude, dite *positiviste*, est celle défendue par les tenants de l'école de Copenhague, que nous avons déjà évoquée. Ces derniers, essentiellement Heisenberg, Bohr et Pauli, défendent l'idée que le mot réalité n'a pas de sens en lui-même et ils refusent d'aborder les discussions qui portent sur son contenu au motif qu'elles sont immanquablement vaines. La physique quantique est efficace et, selon eux, c'est le maximum que l'on puisse lui demander. Il n'y a donc pas lieu d'exiger de sa part une portée cognitive plus profonde.

La deuxième attitude relève de ce qu'on pourrait appeler un *malaise constructif*. Pour un certain nombre de physiciens, l'embarras philosophique dans lequel nous plonge la physique quantique est le signe qu'elle n'est qu'une théorie approchée. Le problème de la mesure, la réduction du paquet d'ondes, le renoncement au déterminisme strict (c'est-à-dire de type laplacien) sont pour eux autant de « pilules » difficiles à avaler. Aux dires de ces physiciens, la seule solution consiste à modifier la théorie quantique elle-même. Mais leurs contre-propositions éventuelles doivent relever un redoutable défi : faire aussi bien que le formalisme quantique (qui, du point de vue des résultats qu'il permet d'atteindre, fonctionne parfaitement), mais avec des fondements différents de ceux qu'il utilise. La gageure est de taille, surtout depuis que la non-séparabilité quantique a été expérimentalement démontrée au début des années 1980 (par la mise en évidence, évoquée plus haut, de la violation des inégalités de Bell). En effet, depuis lors, on ne peut plus espérer remplacer la physique quantique par une théorie qui la compléterait par l'adjonction de « variables cachées locales ». Toute contre-proposition doit donc être « non locale » pour espérer être crédible.

C'est par exemple le cas de la théorie de David Bohm. Établie entre 1952 et 1959, elle constitue l'archétype des théories « à variables cachées non locales ». Grâce à certaines modifications du formalisme quantique, elle parvient à reproduire correctement les prédictions de la physique quantique orthodoxe, et même celles de la physique quantique relativiste (appelée la « théorie quantique des champs* »). Du point de vue ontologique, elle est proche de la physique classique. Elle permet à tout le moins de retrouver une objectivité forte (les particules y possèdent des propriétés bien déterminées, même en l'absence de toute mesure) et un déterminisme strict. Mais en quoi consiste-t-elle ? Comme le suggérait déjà Louis de Broglie avec sa théorie de l'onde pilote, David Bohm admet que les particules sont d'authentiques corpuscules, mais que ces derniers sont guidés dans leur mouvement par une « onde de guidage ». Celle-ci joue le rôle d'un champ d'information qui impose au corpuscule sa trajectoire, un peu comme un message radio intimant à un avion l'ordre de changer de direction. Dans cette théorie, la position du corpuscule est toujours bien définie, quoique pas toujours connue. Nul hasard n'intervient puisque des lois déterministes explicites sont introduites pour expliquer comment les ondes gouvernent les corpuscules.

Rappelons-nous l'expérience des deux fentes. Selon David Bohm, l'onde qui pilote l'électron explore tous les trajets possibles. Elle est donc différente selon que les deux fentes sont ouvertes ou que l'une seulement l'est (c'est en ce sens que la théorie est « non locale »). Moyennant certaines hypothèses, il est alors possible de démontrer que la formation des franges d'interférences a bien lieu dans le premier cas (les électrons se répartissent à l'arrivée selon un schéma dicté par les interférences de leur onde pilote), et non dans le second. Cette théorie permet donc d'éviter certaines difficultés associées à la superposition quantique tout en reproduisant les prédictions de la physique quantique orthodoxe, mais cela n'empêche pas beaucoup de physiciens de rester sceptiques à son égard, car elle conduit aussi à des difficultés [1]. Reste que le fait même qu'elle ait pu être construite doit être pris en compte chaque fois qu'on prétend aborder les conséquences philosophiques qu'il convient de tirer de la physique quantique.

La troisième réaction possible consiste à proposer *une autre lecture* de la physique quantique. Certains physiciens acceptent tel quel le formalisme quantique, mais contestent l'interprétation de Copenhague, jugée trop minimaliste ou trop timide. Eugène Wigner a ainsi prétendu à une époque (en 1967) que la réduction du paquet d'ondes lors d'une mesure obligeait à admettre une influence active de

1. D'abord, dans le cadre de la théorie de Bohm, la nonlocalité fait que la valeur d'une grandeur possédée par une particule peut dépendre de la valeur d'une autre grandeur appartenant à une autre particule éloignée. Ensuite, la forme de l'onde pilote dépendant de la totalité de l'appareillage en place, la trajectoire d'une particule, bien que parfaitement déterminée, ne peut être mesurée (puisque toute adaptation de l'appareillage induirait une modification de la trajectoire que la particule aurait suivie en l'absence de mesure…). On se trouve donc en face d'une théorie qui rétablit l'ontologie habituelle de la physique classique, mais dont la construction même interdit qu'on puisse avoir connaissance de ses propriétés. Comme le dit bien Hervé Zwirn : « La théorie de Bohm exhale un relent de frustration puisqu'elle nous allèche avec le retour de concepts classiques pour aussitôt nous enlever tout moyen d'en avoir une véritable connaissance » (Hervé Zwirn, *Les Limites de la connaissance*, Éditions Odile Jacob, 2000, p. 225).

la conscience sur la réalité physique. De même qu'un pavé lancé sur un crâne non casqué peut modifier les états de conscience de la personne, Wigner imagine que, au nom du principe de l'opposition de l'action et de la réaction [1], la conscience peut en retour agir sur la matière. Le problème de cette thèse à connotation spiritualiste, et qui fut pour cette raison jugée farfelue par la majorité des physiciens, est qu'elle demeure très vague. Notamment, elle ne se fonde sur aucune théorie sérieuse de la conscience (mais cela ne l'a nullement empêchée – au contraire même – d'être exploitée par certains milieux occultistes pour défendre la parapsychologie…).

Une autre réinterprétation de la physique quantique « telle qu'elle est », au moins aussi étrange que celle de Wigner, a été développée par quelques physiciens versés dans la cosmologie : celle des univers parallèles. On en doit la première version à Hugh Everett, qui la proposa en 1957. Lors d'une mesure pouvant *a priori* donner deux résultats différents (par exemple, dans l'expérience des deux fentes, la mesure de la fente par laquelle est passée la particule), il y aurait division de l'ensemble que constituent l'appareil de mesure et l'objet mesuré en deux ensembles (en

1. Ce principe stipule que la force exercée par un corps sur un second corps est égale et opposée à celle que ce second corps exerce sur le premier.

fait, création de deux univers parallèles) : l'un, dans lequel c'est le premier résultat possible qui est réalisé, l'autre, dans lequel c'est le second. Tous les résultats possibles d'une mesure seraient donc simultanément réalisés, mais au prix d'une duplication concomitante de l'univers. Les différentes branches d'univers ainsi créées sont supposées réelles simultanément, même si elles ne peuvent pas communiquer entre elles. Cette théorie, qui n'hésite pas à postuler l'existence de mondes inconnaissables par principe, paraît extravagante, mais, chose troublante, il est aussi difficile de la réfuter que d'y souscrire [1]. Nous retiendrons seulement qu'ayant été conçue dans le seul but d'apporter une réponse détournée au problème de la mesure en physique quantique, elle illustre parfaitement l'embarras dans lequel ce problème a pu mettre certains esprits.

---

1. Les physiciens qui défendent la théorie des univers parallèles sont rares, mais on en trouve parmi les plus éminents. Ainsi, David Deutsch, l'un des théoriciens de l'ordinateur quantique, explique que la possibilité même d'un tel ordinateur impose d'interpréter la physique quantique dans le cadre de la théorie des mondes multiples. Son argument est le suivant : le principe d'un ordinateur quantique consiste à explorer simultanément, « en parallèle », différents chemins de calcul, de sorte que le résultat final dépend de tous ces chemins à la fois. Or, explique David Deutsch, si l'on veut que l'ordinateur puisse utiliser les informations associées à chacun de ces différents chemins, il faut bien qu'elles se trouvent « quelque part », c'est-à-dire... dans des mondes parallèles !

La théorie de la décohérence* et les approches contemporaines

Ces dernières années, de nouvelles approches ont été rendues possibles grâce à trois phénomènes. D'abord, nous bénéficions aujourd'hui de la lente décantation des concepts quantiques depuis plus d'une soixantaine d'années. Le débat initial avait probablement été trop marqué par les prises de position des pères fondateurs, qui l'avaient peut-être trop rapidement « encarté » dans des systèmes philosophiques préexistants. Or, comme l'a justement écrit Roland Omnès, « on est sans doute plus fidèle à leur esprit en rafraîchissant leurs dires qu'on ne l'est en les pérennisant [1] ».

Ensuite, les récents progrès de la technologie ont permis de réaliser des versions simples des expériences de pensée qui avaient été imaginées par les fondateurs de la théorie : on peut maintenant piéger des photons ou des atomes un à un dans une cavité électromagnétique, les observer de manière continue, les intriquer même ; on sait également les manipuler pour ainsi dire *in vivo*, à l'aide de faisceaux laser, et construire des objets relativement complexes obéissant à la logique quantique. Cela permet d'aborder à

1. Roland Omnès, *Comprendre la mécanique quantique*, EDP-Sciences, 2000, p. 7.

nouveau, mais cette fois de façon expérimentale, l'étude des fondements mêmes de la théorie.

Enfin, la frontière floue qui sépare le monde quantique du monde classique est aujourd'hui mieux comprise. Par exemple, des théoriciens ont essayé de montrer que la réduction du paquet d'ondes, loin d'être une recette transcendante venue d'on ne sait où, relève d'un mécanisme que la physique quantique peut elle-même décrire. C'est en tout cas ce qu'indique la théorie « de la décohérence » développée par Wojciech Zureck [1], James Hartle, Hans Dieter Zeh, Roland Omnès, Murray Gell-Mann et d'autres encore.

Cette théorie tente d'expliquer pourquoi les objets macroscopiques ont un comportement classique, tandis que les objets microscopiques, atomes et autres particules, ont un comportement quantique. En d'autres termes, elle vise à apporter une solution au lancinant paradoxe du chat de Schrödinger, sans doute las d'être quantiquement ballotté entre la vie et la mort depuis 1935. Les équations de la physique quantique impliquent une présence universelle d'états superposés, donc des effets d'interférences. Or nous ne voyons pas ces effets d'interférences au niveau macroscopique. Comment lever cette contradiction ?

---

1. Wojciech Zureck, « Decoherence and The Transition From Quantum to Classical », *Physics Today*, 44, 1991, 10, p. 36.

La théorie de la décohérence a pour particularité de faire intervenir l'« environnement », constitué de tout ce qui baigne les objets, par exemple l'air dans lequel ils se propagent ou, si l'on fait le vide, le rayonnement ambiant. Elle démontre que c'est leur interaction avec leur environnement (système décrit par un nombre très élevé de degrés de liberté) qui fait très rapidement perdre aux objets macroscopiques leurs propriétés quantiques. Tout se passe comme si des bribes d'information sur leur état quantique s'échappaient continûment dans leur environnement. Ce dernier agit en somme comme un observateur qui mesurerait les systèmes en permanence, éliminant ainsi toutes les superpositions à l'échelle macroscopique, donc aussi les interférences. Il engendre bien une *décohérence.*

Pour mieux comprendre comment les choses se passent, revenons une dernière fois à l'expérience des deux fentes. Si, au lieu de la mener avec des électrons, on utilise de très grosses molécules, voire des balles de ping-pong, on constate que les interférences ne se produisent plus. Pourquoi ? Parce que, expliquent les théoriciens de la décohérence, l'interaction entre une balle de ping-pong et son environnement est importante (à l'inverse de ce qui se passe pour un atome), de sorte qu'un tel objet ne peut être considéré comme isolé. Son vecteur d'état se trouve affecté par son interaction avec tous les photons alentour. Ces photons interférant de façon destructive, la balle se voit très rapidement retirer ses propriétés quantiques. Son mouvement devient par conséquent classique, de sorte qu'on peut parfaitement distinguer les balles qui sont passées par une fente de celles qui sont passées par l'autre. Les conditions nécessaires pour qu'il y ait des interférences ne sont plus remplies.

Le temps dont a besoin la décohérence est extrêmement court, d'autant plus court que le système est plus important : il suffit que quelques molécules ou quelques photons aient interagi avec lui pour que la décohérence devienne manifeste [1]. Voilà pourquoi le chat de Schrödinger est soit mort, soit vivant, mais pas les deux *à la fois*. Bien que très bref, ce processus de décohérence a pu être saisi au vol : plusieurs expériences récentes, très astucieuses, ont permis d'explorer, pour la première fois, la transition entre comportements quantique et classique, qui a par conséquent cessé d'être un no man's land expérimental [2]. Une expérience à base d'atomes et de photons reproduisant la situation du chat de Schrödinger a même pu être réalisée par l'équipe de Serge Haroche à l'École normale supérieure, à

1. Plus le système est gros, plus il est couplé à un grand nombre de degrés de liberté de l'environnement.

2. Voir l'article de Serge Haroche, « Une exploration au cœur du monde quantique », dans *Un siècle de quanta*, *op. cit.*, p. 113-134.

Paris [1], le rôle du chat y étant joué par un champ électromagnétique constitué d'un petit nombre de photons enfermés dans une cavité supraconductrice. On a ainsi largement résolu un problème qui avait vraiment tourmenté Einstein et Schrödinger, celui du « raccord » entre les représentations classique et quantique : c'est la décohérence qui, en voilant les effets d'interférences, protège le caractère classique du monde macroscopique.

Certes, les problèmes de fond posés par Bohr, Heisenberg, Einstein, Schrödinger ou Pauli restent d'actualité, mais on dispose aujourd'hui pour les traiter de davantage de résultats et de davantage d'arguments. Plusieurs systèmes épistémologiques essaient d'intégrer ces nouvelles donnes : la thèse du réel voilé de Bernard d'Espagnat [2], le solipsisme convivial d'Hervé Zwirn [3], le réalisme physique de Michel Paty [4] et de façon plus diffuse le réalisme ouvert, l'opérationnalisme, le phénoménalisme, ainsi que l'idéalisme, lui-même divisé en idéalisme radical

1. Serge Haroche, Jean-Michel Raimond et Michel Brune, « Le chat de Schrödinger se prête à l'expérience », *La Recherche*, 301, septembre 1997, p. 50.

2. Bernard d'Espagnat, *Le Réel voilé*, Fayard, 1994 (ou *Traité de physique et de philosophie*, Fayard, 2002).

3. Hervé Zwirn, *Les Limites de la connaissance*, Éditions Odile Jacob, 2000.

4. Michel Paty, « Interprétations et significations en physique quantique », dans *La mécanique quantique*, *Revue internationale de philosophie*, n° 2/2000, juin 2000, p. 199-242.

et idéalisme modéré, les deux pouvant être plus ou moins kantiens[1]... Mais il se pourrait bien qu'aucune interprétation ne s'impose jamais, notamment à cause de ce que le philosophe Michel Bitbol appelle l'« aveuglante proximité du réel[2] » : nous serions tellement impliqués dans le réel que nous ne pourrons jamais expliciter le rapport que nos théories entretiennent avec lui.

Plus d'un siècle après la conférence de Max Planck à l'Académie des sciences de Berlin (voir annexe), un tel pluralisme d'interprétations peut sans doute sembler encombrant, mais il a l'avantage d'être plus fécond que les glaciations doctrinales ou les crispations idéologiques. Il reste simplement à souhaiter que les partisans d'un réalisme fort n'érigent pas en dogme absolu le principe selon lequel le réel serait totalement intelligible. Et, pour faire bonne mesure, que les positivistes radicaux, partisans acharnés du « tais-toi et calcule », ne condamnent pas l'idée que cela a un sens de se préoccuper du réel, sous prétexte que ce projet serait *bassement* métaphysique.

1. Voir l'article de Dominique Lecourt intitulé « Kant et les *quanta* », dans *Un siècle de quanta*, *op. cit.*, p. 149-158.

2. Cette expression est le titre d'un ouvrage de Michel Bitbol (Flammarion, coll. « Champs », 1998).

ANNEXE

Du corps noir à l'invention de la physique quantique

Personne ne connaît la révolution qu'il fait.

Friedrich Engels

La première rencontre de la physique avec le monde quantique aurait pu se produire n'importe où : en approfondissant la structure de l'atome, ou le spectre de la lumière que les atomes émettent ou absorbent, ou encore peut-être les propriétés des corps solides. Il s'est trouvé que, historiquement, elle est advenue à propos d'un problème apparemment beaucoup moins fondamental : le spectre du rayonnement issu d'un four, ou plus exactement d'un « corps noir ». On peut le regretter, car ce problème semble, au moins au premier abord, assez éloigné des fondements mêmes de la physique quantique. Il a trait aux photons, d'une part, à leurs propriétés statistiques, d'autre part, ce qui complique doublement l'affaire : d'abord parce que les photons, avec leur masse nulle, sont des particules relativistes, dont la description exige de surcroît un bon bagage de connaissances… quantiques, de sorte que, en voulant raconter la genèse de la physique quantique à partir de ces particules très… particulières, on se retrouve pris dans un serpent de mer historico-conceptuel qui a tendance à se mordre la queue ; ensuite parce que le problème posé est en réalité un problème de physique statistique. Cet entremêlement accidentel n'a pas peu contribué à engendrer une certaine confusion qui resurgit dès qu'il s'agit d'évoquer la « naissance de la physique quantique ».

Il y a bien une façon à la fois brève et canonique de raconter cette genèse. C'est celle qu'on trouve rapidement énoncée, en fait sous forme de ritournelle, en introduction de la plupart des manuels d'enseignement. Elle consiste à dire que le 14 décembre 1900, le physicien allemand Max Planck a lu devant l'Académie des sciences de Berlin un mémoire très audacieux qui allait donner naissance à ce que nous appelons aujourd'hui la physique quantique. Ce mémoire traitait, nous l'avons déjà dit, d'un problème en apparence marginal, celui du spectre d'un corps noir. De quoi s'agissait-il ? À la fin du XIXe siècle, les physiciens en étaient venus à s'intéresser de très près au rayonnement émis par les corps qu'on échauffe, qui passent au rougeâtre d'abord, puis au rouge vif, ensuite au jaune, puis au blanc, au fur et à mesure que leur température augmente, et ils désiraient en expliquer les caractéristiques à partir des propriétés de la matière avec laquelle ce rayonnement interagit. Or – expliquent rapidement les manuels – les calculs classiques ne donnaient pas un résultat conforme aux observations. Ce qui est pire, ils faisaient apparaître une quantité infinie, donc inacceptable : le spectre du rayonnement d'un corps noir y apparaissait tel que la quantité d'énergie émise à une fréquence donnée devait augmenter indéfiniment avec la fréquence, de sorte que l'énergie totale rayonnée devait être elle-même infinie. Cette contradiction, la fameuse « catastrophe ultraviolette », fut, assène la ritournelle, jugée de plus en plus insupportable à proportion que les mesures et les calculs se faisaient plus précis.

Pour résoudre cet épineux problème, Max Planck, arrivant tel Zorro à cheval sur de tout nouveaux concepts, finit par postuler « dans un acte de désespoir » que, contrairement à ce que supposait la physique classique, les échanges d'énergie entre le rayonnement et la matière ne peuvent se faire que par paquets discontinus, les *quanta* [1]. Cette

1. Ces paquets discontinus sont d'autant plus importants que la fréquence est plus élevée : une lumière monochromatique, de fréquence ν, n'échange de l'énergie qu'en payant avec des « pièces de monnaie », dont la plus petite a une valeur égale

hypothèse de quantification, vis-à-vis de laquelle on s'empresse d'ajouter que Planck lui-même éprouvait la plus extrême réticence, était certes contraire aux principes de la théorie électromagnétique de la lumière[1], mais une fois mise dans les calculs elle avait l'immense vertu de produire un résultat qui s'accordait parfaitement avec les mesures expérimentales. Pour finir, la plupart des manuels précisent que Max Planck ne sut guère quel sens il convenait de donner à sa découverte, qu'il considéra dans un premier temps comme un simple « truc », comme une « conjecture heureuse ». Ce détail n'est toutefois jamais invoqué pour remettre en question le fait principal, qui est que Planck signa là, de façon parfaitement *consciente*, l'acte de naissance de la physique quantique.

La question que nous voulons poser est celle-ci : cette vulgate lancinante est-elle vraie ? Les choses n'ont-elles pas été plus compliquées que ce qu'en rapportent les manuels de physique quantique, souvent pressés d'en finir avec la narration de la genèse

---

à hν, où h est une nouvelle constante de la physique, la constante de Planck. Plus précisément, les paquets échangés peuvent avoir une énergie égale à hν, ou bien à 2 hν, ou encore à 3 hν, etc., mais il n'y a pas d'échange possible à d'autres valeurs.

1. Cette dernière décrit en effet la lumière comme formée d'ondes continues, avec une énergie distribuée sur toutes les fréquences.

de leur contenu ? De fait, lorsque l'on prend le temps de regarder les choses de plus près, ainsi que l'ont fait des auteurs comme Thomas Kuhn [1], Olivier Darrigol [2] ou encore Gilles Cohen-Tannoudji et Jean-Claude Boudenot [3], on devine – on constate même – que, pour ce qui est de sa genèse, la théorie quantique doit moins à une faillite de la physique classique qu'à la réflexion très profonde menée par Planck à propos du deuxième principe de la thermodynamique.

Remarquons d'abord que, du point de vue des concepts en physique, l'époque de la fin du XIXe siècle est presque incommensurable à la nôtre, car il nous est très difficile de la penser en faisant comme si les révolutions physiques du XXe siècle n'avaient pas eu lieu. Mais on peut quand même tenter de tracer à grands traits son décor général et ainsi entrevoir qu'à cette époque les spécialistes de la thermodynamique s'intéressaient de très près à la relation qui pouvait exister entre les lois de la mécanique et le deuxième principe de la thermo-

1. Voir T. S. Kuhn, *Black-body Theory and the Quantum Discontinuity, 1894-1912*, University Chicago Press, 1978.

2. Voir notamment Olivier Darrigol, *Continuités et discontinuités dans l'« acte désespéré de Max Planck »,* dans *Un siècle de quanta, op. cit.*, p. 23-37. Voir également Olivier Darrigol, « The Historians' Disagreements over the Meaning of Planck's Quantum », *Centaurus*, 43, 2001, p. 219-239.

3. Jean-Claude Boudenot et Gilles Cohen-Tannoudji, *Max Planck et les quanta*, Ellipses, 2001.

dynamique, qui a trait à la manière dont la chaleur se diffuse, toujours du chaud vers le froid. Après que ce principe eut été reformulé en 1865 par Clausius grâce au concept d'entropie, ils se demandèrent s'il était possible de le justifier par le biais de la dynamique, comme cela avait été fait pour le premier principe (celui qui exprime la conservation de l'énergie).

Max Planck était quant à lui littéralement « obsédé » par le second principe, auquel il avait consacré sa thèse de doctorat, soutenue en 1879, à l'âge de 21 ans. Dans la conclusion de celle-ci, il avait été le premier à faire de l'irréversibilité et de l'augmentation de l'entropie d'un système isolé l'essence même du second principe. Son but fut ensuite d'essayer de comprendre l'irréversibilité des phénomènes macroscopiques à partir du seul second principe, supposé absolument vrai. L'origine de l'irréversibilité, qui est manifeste à notre échelle, ne serait-elle pas liée à l'interaction de la matière avec le rayonnement ?

À partir de 1890, le débat général concernant l'irréversibilité s'était recentré sur l'interprétation de l'entropie proposée par Boltzmann. Pour ce dernier, l'entropie d'un système était un concept qu'on pouvait comprendre et interpréter en termes statistiques ou probabilistes. Autrement dit, l'entropie résultait simplement des mouvements atomiques ou moléculaires très nombreux qui se produisent au sein du système et, dans ce cadre, le second principe n'était valide que statistiquement. Cette interprétation fut très diversement appréciée, car elle favorisait implicitement l'hypothèse atomiste ou moléculaire de la matière, qui fut elle-même très violemment attaquée, notamment par les « énergétistes » comme Wilhelm Ostwald et quelques autres, qui voulaient débarrasser la physique de la notion d'atome afin de mieux la recentrer sur le seul concept d'énergie [1].

Quelle fut la position de Planck dans cette controverse, d'ailleurs très violente ? La plus inconfortable possible... Il s'opposa aux énergétistes, auxquels il reprochait de ne pas avoir bien saisi le sens du second principe de la thermodynamique [2],

1. La doctrine des énergétistes affirmait la primauté absolue de l'énergie comme agent régissant le monde physique et permettant l'appréhension, la classification et l'unification de tous les phénomènes qui constituent le monde perceptible : « La matière est une invention, écrit Ostwald, assez imparfaite d'ailleurs, que nous nous sommes forgée, pour représenter ce qu'il y a de permanent dans toutes les vicissitudes. La réalité effective, c'est-à-dire celle qui fait effet sur nous, c'est l'énergie. [...] La nature dans sa totalité nous apparaît sous la forme d'énergies spatialement et temporellement variables, réparties selon l'espace et le temps, énergies dont nous ne prenons connaissance que dans la mesure où elles se transmettent à notre corps et tout spécialement aux organes des sens préparés à les recevoir » (W. Ostwald, *Revue générale des sciences pures et appliquées*, 1895, n° 21).

2. Ostwald, par exemple, voyait une analogie entre le passage de la chaleur d'une température haute à une température basse et la chute d'un poids d'une certaine hauteur à une hauteur

mais ne se rangea pas davantage du côté de Boltzmann et des atomistes. Planck croyait tellement au caractère fondamental du second principe qu'il rejetait aussi bien l'interprétation statistique de la thermodynamique que l'hypothèse atomique qui lui était sous-jacente et à l'égard de laquelle il éprouvait de la répugnance [1] : à ses yeux, l'abondance des modèles mécaniques et atomiques qui étaient alors proposés illustrait même la dégénérescence de la physique.

Son attitude à l'égard de l'atomisme changea quelque peu au tournant de l'année 1890, quand il se rendit compte que l'hypothèse atomique pouvait être très puissante, ne fût-ce que parce qu'elle fournissait une sorte de principe unificateur particulièrement efficace. Il continua toutefois d'ignorer la théorie statistique de Boltzmann, se contentant d'une thermodynamique macroscopique : l'entropie était selon lui un concept premier qui, de ce seul

---

moindre. Planck eut toutes les peines du monde à lui expliquer que ces deux phénomènes diffèrent l'un de l'autre aussi essentiellement que le premier et le second principe de la thermodynamique (voir Max Planck, *Autobiographie scientifique*, Flammarion, coll. « Champs », 1991, p. 80).

1. En 1883, Planck écrivait par exemple : « En dépit des grands succès remportés par la théorie atomique jusqu'à présent, il faudra en dernier ressort l'abandonner au profit de l'hypothèse d'une matière continue. » (Max Planck, *Physikalische Abhandlungen und Vorträge*, 1, 163 (1882), cité par J. L. Heilbron, *Planck. Une conscience déchirée*, Belin, 1988, p. 23.

fait, n'avait pas à être interprété en termes de grandeurs microscopiques ni même rapproché d'elles.

Quel rôle le corps noir joua-t-il dans cette affaire ? Il fut décisif. L'étude de son rayonnement [1] – ou plus exactement de son spectre lumineux – avait débuté dès 1859 avec les travaux de Gustav Kirchhoff montrant que le second principe de la thermodynamique appliqué à un rayonnement à l'équilibre thermique aboutissait à un spectre universel ne dépendant que de la température [2] (et pas du tout de la nature des parois de l'enceinte). Le rayonnement du corps noir devenait ainsi quelque chose de fondamental dont l'étude pourrait conduire à l'identification d'une ou de plusieurs lois physiques très profondes.

Un deuxième résultat d'une grande importance fut obtenu en 1879 (à partir d'arguments expérimentaux) par Joseph Stefan, qui montra que la quantité d'énergie par unité de volume rayonnée par le corps noir est proportionnelle à la puissance quatrième de sa température.

À partir des années 1890, de plus en plus de physiciens, théoriciens aussi bien qu'expérimentateurs,

1. Dans son article publié en 1860, Kirchhoff définit le « corps noir » comme un corps qui absorbe tous les rayonnements tombant sur lui.

2. En réalité, on peut faire remonter l'origine du corps noir à Josiah Wedgwood, qui découvrit, en 1792, que tous les corps chauffés deviennent rouges à la même température.

s'intéressèrent au spectre du corps noir. Planck, bien sûr, en fit partie (dès 1894), mais son objectif était assez particulier : il espérait aboutir, par le biais du corps noir, à une nouvelle compréhension de l'irréversibilité thermodynamique, qui lui permettrait ensuite d'interpréter le second principe sur des bases non statistiques, et donc en rupture avec la démonstration de Boltzmann. Alors que les autres physiciens cherchaient à prouver que l'intensité du rayonnement dépendait de la température, lui soupçonnait un lien caché faisant dépendre l'entropie de l'énergie.

Il chercha d'abord une explication de l'entropie du côté de l'électromagnétisme de Maxwell. Cette théorie permet en effet de calculer le comportement d'oscillateurs microscopiques qui produisent le rayonnement émis par les corps noirs [1]. Pour être plus précis, Planck espérait obtenir une irréversibilité stricte en remplaçant le modèle moléculaire de Boltzmann par un modèle électromagnétique, en l'occurrence un ensemble d'oscillateurs idéaux placés dans une cavité aux parois réfléchissantes. Dans ce cas, la loi de Kirchhoff stipule que le spectre final du rayonnement émis et diffusé par les oscillateurs est celui d'un corps noir.

1. Planck parlait non pas d'oscillateurs, mais de « résonateurs », terme d'origine acoustique.

Planck crut un moment avoir démontré que l'irréversibilité du processus d'émission était lié au fait que les équations de Maxwell font une distinction entre le passé et l'avenir. Mais, en 1897, Boltzmann pulvérisa cet argument : les équations de Maxwell, rigoureusement réversibles par rapport au temps, ne contiennent pas de « flèche du temps », de sorte que l'explication de l'irréversibilité doit être cherchée ailleurs que dans l'électromagnétisme, ce que Planck admit après quelques tergiversations.

En 1893, Wilhelm Wien montra, à partir d'arguments thermodynamiques, que le spectre $u(\nu,T)$ du corps noir est nécessairement de la forme :

$$u(\nu,T) = \nu^3\, g(\nu/T)$$

C'était un pas important, d'une part parce que la fonction inconnue g qui apparaissait là ne possédait plus qu'une seule variable, d'autre part parce qu'en intégrant, à température fixée, une telle formule par rapport à la fréquence on retrouvait la loi de Stefan.

En 1896, le même Wien découvrit une loi qui semblait en accord avec les mesures pour les fréquences élevées :

$$u(\nu,T) = \alpha\nu^3\, \exp(\beta\nu/T)^{-1}$$

où α et β sont des constantes déterminées empiriquement. Mais Planck ne se satisfit pas de cette formule, car elle n'avait pas de véritable fondement théorique. Plus exactement, ce n'était pas la formule elle-même qu'il contestait, mais il déplorait l'absence de dérivation théorique capable de la fonder. Les lois empiriques, même correctes, ne l'intéressaient guère. Car ce qu'il désirait avant toute autre chose, c'était mettre au jour les véritables invariants sur lesquels s'appuient les lois physiques. Ce tropisme personnel fournit d'ailleurs la seconde raison à l'origine de son intérêt pour le corps noir : le spectre du corps noir étant absolu, il doit être gouverné par une loi fondamentale de la nature, dont la découverte était selon lui l'objectif le plus élevé du travail des physiciens [1].

S'agissant de la loi de Wien, la question de Planck était donc la suivante : comment parvenir à dériver cette loi de principes fondamentaux ? Planck pensait qu'en répondant à cette question il parviendrait à justifier la loi de croissance de l'entropie. Il énonça pour ce faire un « principe de désordre élémentaire » qu'il utilisa pour calculer l'entropie d'un oscillateur idéal (qu'il prit bien soin de distinguer d'un atome réel ou d'une molécule réelle). En 1899, il trouva une expression pour l'entropie d'un oscillateur permet-

1. Pour Planck, la recherche de l'absolu est en effet la tâche la plus haute de la science : à travers tout ce qui est relatif dans les opérations de mesure ou le détail du travail scientifique, l'objectif final est de découvrir « l'absolu, l'universellement valable, l'invariant qui s'y trouve caché » (Max Planck, *Autobiographie scientifique*, *op. cit.*, p. 96).

tant d'aboutir à la formule de Wien [1]. Cette formule acquit ainsi un statut plus fondamental. Planck en était d'autant plus satisfait que la formule était en parfait accord avec les données expérimentales. C'est du moins ce qu'on crut dans un premier temps. Car très vite des mesures faites à Berlin révélèrent qu'en réalité la formule de Wien-Planck ne pouvait pas du tout s'appliquer aux basses fréquences. Intrigué, Planck se remit au travail, pensant que le problème devait provenir de sa formule pour l'entropie d'un oscillateur. Il lui fallut donc la corriger. Planck proposa une nouvelle expression pour l'entropie d'un oscillateur [2], ce qui l'amena à une nouvelle formule pour le spectre du corps noir :

$$u(\nu,T) = \alpha(\nu/c)^3\ [\exp(\beta\nu/T)-1]^{-1}$$

Le 19 octobre 1900, devant les membres de la Société allemande de physique, Planck présenta

---

1. Planck définit alors l'entropie S d'un oscillateur de fréquence ν et d'énergie U par la formule : $S = -\ U/a\nu \log (U/eb\nu)$, où a et b sont deux constantes positives. La constante a se révélera être égale à h/k, où k est la constante de Boltzmann, et la constante b égale à h.

2. Cette nouvelle formule de Planck donne $S = k\ [(1+U/\varepsilon) \log (1 + U/\varepsilon) - U/\varepsilon \log (U/\varepsilon)]$, où ε désigne un « élément d'énergie » (voir l'article de Planck dans *Annalen der Physik* 4, 553-563 [1901], ou bien sa traduction française dans *Sources et évolution de la physique quantique : textes fondateurs,* par Bruno Escoubès et José Leite Lopes, Masson, coll. « Histoire de sciences », 1995, p. 20-27).

cette formule, qui avait le mérite de se confondre avec la formule de Wien pour les grandes fréquences et aussi de parfaitement « coller » avec les mesures à basse fréquence, ainsi que Heinrich Rubens, un expérimentateur ami de Planck, le vérifia dans la nuit qui suivit l'exposé de Planck. Le point important à noter ici est que, lors de l'élaboration de sa formule, Planck ne fit aucun usage de la quantification de l'énergie ni même de l'interprétation probabiliste de l'entropie que proposait Boltzmann.

Cela vint *d'une certaine façon* au cours des deux mois suivants, et c'est en cela que réside l'« acte de désespoir » (« car je me suis éloigné de la nature en toute conscience [1] », ajouta Planck) qui aboutit à la nouvelle formule que Planck présentera à la même Académie quelques semaines plus tard, le 14 décembre 1900 :

$$u(\nu,T) = 8\pi h(\nu/c)^3 \, [\exp(h\nu/kT)-1]^{-1}$$

Avant d'évoquer le travail éprouvant qui amena Planck jusqu'à ce résultat, il nous faut dire un mot de la loi de Rayleigh, dont on persiste à dire dans les manuels d'enseignement qu'elle déclencha presque à elle seule la révolution quantique. En juin 1900, lord Rayleigh montre que la physique classique, quand on l'applique aux oscillateurs d'un

1. Cité par Armin Hermann, *Max Planck*, Éditions du CNRS, 1977, p. 33.

corps noir, donne une densité d'énergie qui croît comme le carré de la fréquence [1] :

$$u(\nu,T) = 8\pi\nu^2 \, kT/c^3$$

Cette formule posait deux problèmes. D'abord, elle n'était compatible qu'avec les mesures pratiquées pour les fréquences basses du spectre du corps noir. Ensuite, elle conduisait, après intégration sur la fréquence, à une énergie totale infinie dans n'importe quel corps noir. C'est ce résultat fameux que l'on appelle la « catastrophe ultraviolette ». La formule de Rayleigh, publiée six mois avant la conférence de Planck, a-t-elle joué un rôle dans le travail de ce dernier, ainsi qu'on le raconte souvent et presque partout ? Il semble que non. Pourquoi ? Parce que, pour obtenir sa formule éponyme, lord Rayleigh s'était fondé sur le postulat selon lequel l'énergie est également distribuée entre tous les modes (ce qu'on appelle l'équipartition de l'énergie). Or Planck pensait que ce théorème d'équipartition n'était pas fondamental. Il ne s'est donc pas vraiment intéressé à la formule de Rayleigh (qu'il ne commence d'ailleurs à mentionner qu'à partir de 1906), pas plus qu'il n'a été très

1. En réalité, en 1900, lord Rayleigh ne fait qu'établir que $u(\nu,T)$ est proportionnel à la température et au carré de la fréquence. La bonne constante de proportionnalité $8\pi k/c^3$ ne sera déterminée que cinq ans plus tard, grâce aux travaux conjugués de Rayleigh, Lorentz et Jeans.

inquiété par la catastrophe ultraviolette. Et pour cause : l'expression « catastrophe ultraviolette », inventée en 1911 par Paul Ehrenfest, ne devient matière à discussion que dans une phase beaucoup plus tardive de la formalisation de la physique quantique. Elle n'a donc joué aucun rôle pendant sa genèse. Et même, par la suite, elle ne suffit jamais à convaincre Planck que la physique classique était mise à mal par l'échec de cette formule à rendre compte des résultats expérimentaux : en 1911, Planck tenta de rétablir le principe de continuité classique dans les échanges d'énergie entre le rayonnement et la matière [1].

Mais revenons au fil de notre histoire. En novembre 1900, Planck comprend que l'expression qu'il a proposée pour l'entropie d'un oscillateur a un statut très fragile. Pour le renforcer, il se tourne *enfin* vers la conception probabiliste de l'entropie donnée par Boltzmann, qu'il avait si longtemps ignorée. Comment cette « apostasie » a-t-elle pu se déclencher ? Elle vint d'un clin d'œil que lui adressa sa propre formule, celle qui donnait l'entropie d'un oscillateur : elle est en effet de la forme xlnx, forme qui apparaît également dans l'approximation de

1. Wolfgang Pauli se moquera plus tard de cet épisode en parlant de la seconde théorie de Planck, un « remords de la conscience » (lettre de Pauli à Sommerfeld, 6 décembre 1924).

Stirling pour les factorielles [1]. Cela conduisit Planck à penser que la définition combinatoire de l'entropie proposée par Boltzmann pourrait donner un résultat intéressant. Il « joua » donc avec cette idée, mais au fond de lui-même il ne se convertit pas à la conception statistique de l'irréversibilité [2], convaincu qu'il restait que la loi de l'entropie était absolue, et donc que son fondement était non probabiliste. Il introduisit simplement ce qu'il appela des « éléments d'énergie », c'est-à-dire l'idée que l'énergie totale des oscillateurs du corps noir, E, est divisée en portions d'énergie ε, proportionnelle à leur fréquence ν. En clair, $\varepsilon = h\nu$. Le facteur de proportionnalité h qui apparaît dans cette expression est une nouvelle constante de la physique, celle-là même qui intervient dans la formule définitive du corps noir (celle du 14 décembre 1900). Était-ce là la véritable naissance de la physique quantique ? C'est aux historiens des sciences professionnels de trancher cette question, même si leur tâche n'est guère facile, d'une part parce que toutes les notes de Max Planck ont été détruites par le bombardement de sa maison à la fin de la Seconde Guerre mondiale, d'autre part parce que son autobiogra-

1. $N! \sim N^N$ (formule de Stirling), de sorte que $\mathrm{Ln}N! \sim N\mathrm{Ln}N$.

2. Nombreuses sont les preuves écrites montrant que Planck n'adopta pas la conception de Boltzmann avant 1914.

phie scientifique, écrite à la toute fin de sa vie, à l'âge de 87 ans, n'est pas d'une grande fiabilité en ce qui concerne le déroulement historique des choses.

Nous pouvons simplement conclure ici qu'il n'est pas certain que Planck ait eu conscience d'avoir inventé la quantification des échanges d'énergie entre la matière et la lumière. D'ailleurs, il ne parle pas de *quanta* dans son allocution du 14 décembre 1900, et il n'a certainement jamais écrit que l'énergie des oscillateurs ne pouvait être qu'un multiple entier de h, même si cette conception lui fut attribuée en 1903 par Lorentz [1]. Il se contenta de faire une *utilisation formelle* des éléments d'énergie, dans le contexte limité d'une déduction combinatoire de l'entropie d'un oscillateur.

Il est au demeurant surprenant de constater qu'il n'y eut pas de révolution à proprement parler en décembre 1900. La nouveauté radicale que constituait la découverte de Planck fut à peine évoquée. Dans les premières années du XXe siècle, personne ne semble avoir pensé que ces résultats étaient en conflit avec la physique classique [2]. Entre 1901 et

1. H. A. Lorentz, *On the Emission and Absorption by Metals of Rays of Heat of Great Wavelength*, Proc. Amsterdam, 3, 1903, p. 666-685.

2. C'est l'argument que retient Thomas Kuhn pour défendre l'idée que la véritable origine de la physique quantique se trouve dans les travaux d'Einstein de 1905. Ce dernier n'hésita pas à reprendre la notion de *quantum* dans toute son ampleur et à l'étendre à la théorie de la lumière elle-même : il fit l'hypo-

1906, Planck lui-même ne publia plus rien sur le rayonnement du corps noir ou sur la théorie des *quanta*. Il faudra attendre 1908 pour que, convaincu par les arguments de Lorentz, il reconnaisse que le *quantum* d'action représente un phénomène irréductible, incompatible avec le formalisme de la physique classique. Mais le moins que l'on puisse dire est qu'il n'avait pas voulu cela.

En guise de conclusion, il est raisonnable d'avancer que son « acte de désespoir » ne fut pas en rupture radicale avec ses convictions sur la continuité et l'irréversibilité. Il consista simplement en l'introduction de nouvelles méthodes, encore mystérieuses aux yeux de leur auteur, dont la clarification ultérieure aboutit à la théorie quantique proprement dite.

---

thèse de l'existence de *quanta* de lumière, que l'on nommera beaucoup plus tard les « photons ».

Glossaire

Amplitude de probabilité : nombre complexe qu'on associe à chacun des états possibles d'un système quantique. La probabilité qu'un certain résultat soit obtenu lors d'une mesure se calcule en faisant d'abord la somme de toutes les amplitudes de probabilité susceptibles de conduire à ce résultat, puis en élevant au carré le module de cette somme.

Atome : entité composée d'un noyau (assemblage très compact de protons et de neutrons) et d'un nuage périphérique composé d'un cortège d'électrons.

Bit quantique : dans les ordinateurs d'aujourd'hui, les cases mémoire sont constituées de bits classiques, qui ne peuvent prendre que deux valeurs exclusives l'une de l'autre, soit 0, soit 1. Mais que se passerait-il si l'information était portée par des objets « quantiques », c'est-à-dire auxquels on peut appliquer le principe de superposition ? Elle pourrait alors, de ce seul fait, être manipulée sous forme d'états superposés. On disposerait ainsi de « bits quantiques » qui, au lieu de prendre seulement les valeurs 0 ou 1, pourraient être mis dans n'importe quelle superposition de ces valeurs, c'est-à-dire dans une infinité de positions. Un ordinateur fonctionnant avec de tels bits quantiques (en bref un « ordinateur quantique ») serait en théorie capable de calculer de façon « massivement parallèle », c'est-à-dire en effectuant *en même temps* toutes les opérations correspondant à toutes les valeurs que peuvent prendre les bits quantiques. Il aurait ainsi une efficacité beaucoup plus élevée que celle des machines actuelles pour certains types d'opérations, comme la factorisation des très grands nombres.

Bohm (théorie de) : cette théorie, dont la première version date de 1952, représente de nos jours la théorie à variables cachées non locales de référence. Elle reproduit les résultats de la physique quantique, et même ceux de la physique quantique relativiste (que l'on appelle la « théorie quantique des champs »). Son idée principale, inspirée de la théorie de Louis de Broglie, consiste à admettre que les particules sont d'authentiques corpuscules guidés dans leur mouvement par une onde. Cette onde de guidage, tout aussi physique que le corpuscule qu'elle pilote, joue le rôle d'un champ d'information qui impose au corpuscule sa trajectoire.

Chambre à bulles : le principe des chambres à bulles, lesquelles ne sont plus utilisées aujourd'hui, reposait sur le fait suivant : on peut empêcher un liquide de bouillir lorsqu'on le chauffe en le maintenant sous pression (comme l'eau dans une Cocotte-Minute), et, si on relâche brutalement la pression, le liquide ne se remet pas instantanément à bouillir mais, pendant quelques millièmes de seconde, reste dans un état « métastable », dans lequel la moindre perturbation locale suffit à déclencher l'ébullition. Ainsi, lorsqu'une particule chargée électriquement traverse un tel liquide, elle laisse une traînée de bulles qui ressemble à une trajectoire.

Champ : entité décrite mathématiquement à travers l'espace et le temps, à la différence d'un corpuscule localisé en un point précis de l'espace.

Chat de Schrödinger (paradoxe du) : expérience de pensée, à la limite du canular, qui fut inventée en 1935 par Erwin Schrödinger afin de rendre manifestes, par une situation déconcertante, les aspects paradoxaux d'une interprétation naïve du formalisme quantique. Imaginons, dit Schrödinger, un appareil capable de détecter l'émission d'une particule qu'un atome radioactif émet lorsqu'il se désintègre ; imaginons aussi une boîte et à l'intérieur de cette boîte plaçons un chat ; ajoutons à tout cela un dispositif conçu de telle sorte que, si l'émission de la particule issue de la désintégration a lieu, un marteau s'abat sur une fiole contenant un gaz mortel et la casse, ce qui provoque aussitôt la mort du chat. Ces différents appareils étant mis en place, refermons la boîte. Le vecteur d'état (voir ces mots) du système complet (boîte + chat + marteau + fiole) est très complexe puisque ce système contient un très grand nombre de particules, mais il est nécessairement du type *a* + *b*. Plus précisément, il est la superposition de l'état *atome désintégré – marteau baissé – fiole cassée – chat mort* et de l'état *atome non désintégré – marteau levé – fiole intacte – chat vivant.* Tant qu'aucune observation n'a été faite, le chat est donc dans un état incertain, ni mort ni vivant. Pareille situation est difficile à concevoir du strict point de vue existentiel, mais la théorie de la décohérence est récemment venue l'éclaircir…

Décohérence (théorie de la) : développée dans les années 1990, cette théorie explique c'est leur interaction avec leur « environnement » qui fait très rapidement perdre aux objets macroscopiques leurs propriétés quantiques. L'environnement, constitué de tout ce qui baigne les objets, par exemple l'air dans lequel ils se propagent ou, si l'on fait le vide, le rayonnement ambiant, agit en somme comme un observateur qui mesure les systèmes macroscopiques en permanence, ce qui élimine toutes les superpositions à cette échelle, et donc également les interférences.

Électromagnétisme : science qui décrit les lois des phénomènes électriques et magnétiques, et plus généralement les phénomènes optiques et chimiques. Elle fut fondée au cours du XIXe siècle. C'est au physicien écossais James Clerk Maxwell (1831-1879) que l'on doit la première synthèse théorique de l'électromagnétisme, sous la forme des équations qui portent son nom.

Électron : particule élémentaire légère, de charge électrique négative, entrant dans la composition des atomes. Les interactions entre électrons d'atomes voisins déterminent les liaisons chimiques qui associent les atomes en molécules.

Énergie cinétique : énergie due au mouvement d'un corps. Ceux que les équations ne rebutent pas savent qu'elle est donnée en physique classique (non relativiste) par la formule $E = mv^2/2$ (m étant la masse, v la vitesse). Elle est donc proportionnelle à la masse du corps et au carré de sa vitesse.

Espace vectoriel : tout ensemble E dont les éléments satisfont à la propriété suivante : si u et v sont deux éléments de E, alors toute combinaison du type $\lambda u + \mu v$, où λ et μ sont des nombres complexes quelconques, est aussi élément de E. Les éléments d'un espace vectoriel sont appelés des vecteurs.

Force de Coriolis : c'est la force créée par la rotation de la Terre et par laquelle une parcelle de fluide en mouvement est déviée vers sa droite dans l'hémisphère Nord et vers sa gauche dans l'hémisphère Sud.

Force électrique : c'est par elle que deux charges électriques se repoussent si elles sont de même signe et s'attirent si elles sont de signe opposé. L'intensité de cette force décroît comme l'inverse du carré de la distance séparant les deux charges.

Holisme : ce mot, qui vient du grec *holos,* « entier », désigne la doctrine selon laquelle l'Univers est un tout indivisible qui ne peut pas être expliqué par ses différentes parties, considérées séparément.

Longueur de Planck : longueur en deçà de laquelle les effets quantiques ne peuvent plus être négligés dans la théorie de la gravitation. Elle est de l'ordre de 10^{-35} mètre.

Neutron : un des constituants du noyau atomique (avec le proton). Il est composé de trois quarks en interaction.

Nombre complexe : tout nombre complexe peut s'écrire sous la forme $z = x + iy$, où x et y sont des nombres réels et i le nombre imaginaire tel que

$i^2 = -1$. On appelle x la « partie réelle » de z, et y sa « partie imaginaire ». Le module au carré d'un nombre complexe, noté $|z|^2$, est donné par : $|z|^2 = x^2 + y^2$.

Non-commutativité : deux opérateurs A et B sont dits non commutatifs si l'ordre dans lequel on les fait intervenir n'est pas indifférent. Cela se traduit par le fait que le produit AB n'est pas égal au produit BA.

Particule α : noyau d'un atome d'hélium. Composée de deux protons et de deux neutrons, elle est chargée deux fois positivement.

Photon : grain élémentaire de lumière, et plus généralement de rayonnement électromagnétique, la lumière visible n'étant qu'une des formes de ce dernier. Sa masse est nulle. Le photon véhicule l'interaction électromagnétique au niveau élémentaire.

Polarisation de la lumière : la théorie électromagnétique considère que les phénomènes électromagnétiques sont liés à la propagation simultanée d'un champ électrique et d'un champ magnétique, constamment perpendiculaires entre eux et à la direction de propagation. Dans la lumière dite naturelle, le champ électrique se répartit sur toutes les directions transversales, qui sont équivalentes. Mais on peut produire des lumières dites polarisées rectilignement, pour lesquelles le champ électrique reste parallèle à une direction fixe. Il se peut aussi que son extrémité décrive une ellipse (polarisation elliptique) ou un cercle (polarisation circulaire).

Proton : un des constituants du noyau atomique (avec le neutron). Il porte une charge électrique positive. Comme le neutron, il est composé de trois quarks en interaction.

Spin : propriété interne des particules, analogue mais non identique au concept habituel de rotation sur soi-même. Le spin d'un électron, lorsqu'on le mesure le long d'une direction arbitraire, ne peut prendre que deux valeurs : soit h/4π, soit –h/4π, où *h* désigne la constante de Planck. Si l'on imaginait l'électron comme une petite sphère chargée d'un rayon de l'ordre de 10^{-15} mètre (rayon pour lequel l'énergie électrostatique de la sphère chargée est égale à l'énergie de masse mc^2) et si le spin correspondait à une rotation de cette sphère, la vitesse à la surface de celle-ci devrait être supérieure à celle de la lumière. L'existence même du spin oblige donc à renoncer à se faire un modèle de l'électron et, chose plus troublante, à admettre l'existence d'un moment cinétique qui ne corresponde pas à une rotation de matière.

Théorie de l'onde pilote : cette théorie, due à Louis de Broglie, date de 1927. Elle affirme que le corpuscule et l'onde existent l'un et l'autre simultanément et que le premier est piloté par la seconde. Dans les situations simples, ce modèle permet de retrouver les prédictions essentielles de la physique quantique. Par exemple, dans l'expérience des deux fentes, les électrons sont censés être pilotés par une onde qui est différente selon que les deux fentes sont ouvertes ou que l'une seulement l'est. Moyennant certaines hypothèses, on démontre alors que la formation des franges d'interférences a bien lieu dans le premier cas et pas dans le second. Cette théorie, malgré son aspect séduisant, présente des difficultés. Tout d'abord, les caractéristiques de l'onde pilote sont peu communes : elle ne transporte aucune énergie mais peut cependant interagir avec l'électron qu'elle guide. Ensuite, elle ne parvient pas à décrire les systèmes à plusieurs particules. Dans les années 1950, la théorie de De Broglie sera reprise et perfectionnée par David Bohm.

Vecteur d'état : entité mathématique par laquelle on représente l'état physique d'un système quantique. En vertu du principe de superposition, les vecteurs d'état ont la propriété de pouvoir s'ajouter entre eux : la somme de deux vecteurs d'état possibles d'un système est aussi un vecteur d'état possible du système.

Bibliographie

Bitbol, M., *Mécanique quantique : une introduction philosophique,* Flammarion, 1996.

Cohen-Tannoudji, G., *Les Constantes universelles,* Hachette, coll. « Questions de sciences », 1991.

Cohen-Tannoudji, G., Spiro, M., *La Matière-espace-temps : la logique des particules élémentaires,* Gallimard, coll. « Folio/ Essais », 1990.

Cohen-Tannoudji, G., Boudenot, J.-C., *Max Planck et les quanta*, Ellipses, 2001.

Crozon, M., Sacquin, Y., (éd.), *Un siècle de quanta*, EDP-Sciences, 2003.

Lévy-Leblond, J.-M., Balibar, F., *Quantique,* Inter-Éditions, 1984.

D'Espagnat, B., *À la recherche du réel : le regard d'un physicien,* Pocket, coll. « Agora », 1991.

D'Espagnat, B., *Le Réel voilé : analyse des concepts quantiques,* Fayard, coll. « Le temps des sciences », 1994.

D'ESPAGNAT, B., KLEIN, É., *Regards sur la matière. Des quanta et des choses,* Fayard, coll. « Le temps des sciences », 1993.

ESCOUBÈS, B., LEITE LOPES, J., *Sources et évolution de la physique quantique : textes fondateurs,* Masson, coll. « Histoire de sciences », 1995.

KLEIN, É., *Conversations avec le Sphinx : les paradoxes en physique,* Le Livre de Poche, coll. « Biblio/Essais », 1994.

OMNÈS, R., *Philosophie de la science contemporaine,* Gallimard, coll. « Folio/Essais », 1994.

OMNÈS, R., *Comprendre la mécanique quantique,* EDP-Sciences, 2000.

PATY, M., *La Matière dérobée : l'appropriation critique de l'objet de la physique contemporaine,* Archives contemporaines, 1989.

PATY, M., *La Physique du* XXe siècle, EDP-Sciences, 2003.

PLANCK, M., *Autobiographie scientifique*, Flammarion, coll. « Champs », 1991.

Revue internationale de philosophie, *La Mécanique quantique*, n° 2, juin 2000.

SCARANI, V., *Initiation à la physique quantique. La matière et ses phénomènes,* Vuibert, 2003.

Table

Introduction 9

1. La faillite des concepts familiers 19
De curieuses interférences, 23 ; *Les leçons de l'expérience*, 32.
2. Vers une nouvelle représentation des objets physiques 39
De la partialité des apparences, 40 ; *La morale de l'ornithorynque*, 42 ; *L'art de faire des vagues*, 44.
3. Le principe de Heisenberg ou le sens de la mesure 47
Trajectoires floues, 48 ; *Indétermination n'est pas imprécision*, 52 ; *La constante de Planck*, 54 ; *Heisenberg au secours de l'atome*, 56.
4. L'effet tunnel ou les nouvelles règles du saute-mouton 59
Mastication des vaches et radioactivité α, 60 ; *Perte d'étanchéité*, 63.
5. L'addition ou la quintessence du formalisme 67
Une affaire d'état, 68 ; *Le chat de Schrödinger et*

ses avatars, 71 ; *Qu'est-ce qu'un état « superposé » ?*, 74 ; *La réduction du paquet d'ondes*, 79 ; *La physique quantique est-elle complète ?*, 84.

6. L'intrication quantique ou l'effet Rolling Stones 89
Des particules qui s'entremêlent, 90 ; *Le tout n'est plus la somme des parties*, 92.

7. La « non-séparabilité » et la controverse Bohr-Einstein.. 97
Les objections d'Einstein, 97 ; *Le dessous des cartes*, 99 ; *Le paradoxe EPR*, 102 ; *Le théorème de Bell*, 104 ; *Le verdict sans appel de l'expérience*, 106.

8. D'étonnantes machines *intriquantes* 111
Cryptographie quantique, 111 ; *Fax quantique et téléportation*, 113 ; *Un jour, l'ordinateur quantique ?*, 115.

9. Quand le réel semble se dérober.................. 121
*Musique de chambre à bulles**, 121 ; *La fin des images*, 125 ; *« Voir » un atome*, 129.

10. Une affaire d'interprétation(s).................. 133
Du nouveau sous le soleil, 134 ; *Deux sortes d'objectivité*, 137 ; *La question du réalisme physique*, 141 ; *L'« indéterminisme » quantique*, 142 ; *Quelques interprétations traditionnelles de la physique quantique*, 144 ; *La théorie de la décohérence* et les approches contemporaines*, 151.

Annexe : Du corps noir à l'invention de la physique quantique 159
Glossaire 179
Bibliographie 189

Cet ouvrage a été mis en pages
par Méta Systems (Verneuil en Halatte)

N° d'édition : L.01EHQN000119.B005
Dépôt légal : juin 2009
Imprimé en Espagne par Novoprint (Barcelone)